JN086958

公害防止管理者等国家試験

水 質 概 論

重要ポイント&
精 選 問 題 集

改訂第2版

産業環境管理協会 編著

一般社団法人 産業環境管理協会

はじめに

　本書は、公害防止管理者等国家試験を受験する方を対象に、水質関係第1種〜第4種の共通科目である「水質概論」について、試験の重要ポイントを理解していただくことを目的としています。

　公害防止管理者等国家試験は、「公害防止管理者等資格認定講習用」に使用されているテキスト『新・公害防止の技術と法規』（発行・産業環境管理協会）からの出題がほとんどですが、当テキストは非常にページ数が多く、記述内容も幅広いため、学習のポイントがつかめないという難点があることは否めません。また、記述されている内容と実際の試験問題がどのようにかかわり合っているかを読み解くにはかなりの労力と時間が必要になると思われます。

　そこで本書は、各試験科目の出題されるポイントを厳選し、それに関連する過去問を解くことで国家試験対策に必要な知識を身につけられるように構成されています。

　『新・公害防止の技術と法規』を読み込むのに時間的余裕がない場合、受験対策に必要なポイントをまず知りたい場合など、なるべく労力と時間をかけずに受験対策を行いたい方を対象としています。

　本書が、公害防止管理者等国家試験の受験を目指している方々の必携書になれば幸甚です。

2024年6月
一般社団法人 産業環境管理協会

本書の読み方

各節の構成
各章はいくつかの節に分かれています。各節には次のような要素があります。

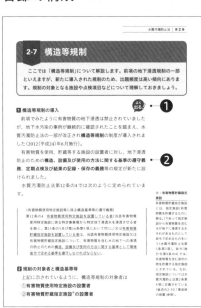

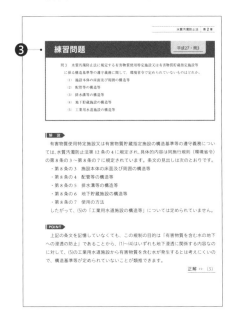

よく出る！

よく出題される項目です。確実に点数を重ねるためには、出題頻度が高い項目を重点的に学習しましょう。

② 太い文字

重要な語句は太字になっています。

❸ 練習問題

実際に出題された過去問で知識のチェックを行います。右上に出題年度と問番号が記されています。

❹ ☑ ポイント

押さえておきたい重点ポイントです。受験にあたって、どこを中心に覚えておけばよいかを示しています。

▶ 公害防止管理者の試験について

　公害発生施設には有資格者である公害防止管理者の選任が義務づけられています。この資格は年1回(10月の第一日曜日)全国で行われる国家試験に合格することで得られます※。また合格率はおおむね20%前後で、難易度の高い国家試験といえます。

※書類審査を経て規定の講習を受講し、かつ、修了試験に合格することで、国家試験に合格した場合と同等の資格が付与される制度もあります。

国家試験の詳細：https://www.jemai.or.jp/polconman/examination/index.html

▶ 試験科目・問題数・試験時間・合格基準

　水質概論は、水質関係第1種〜第4種公害防止管理者試験の共通科目です。ほかの水質関係の試験科目(汚水処理特論、水質有害物質特論、大規模水質特論)の基礎となる科目であり、水質汚濁に関する全般的な知識が問われます。

　1問につき約3分の試験時間が割り当てられ、合格基準は60%以上とされています。

試験科目	問題数	試験時間	合格基準
水質概論	10問	35分	60%以上

※合格基準は年度によって変動することがあります。

▶ 学習のための関連資料

● 「新・公害防止の技術と法規」(毎年1月発行／産業環境管理協会)
　公害防止管理者等資格認定講習用テキスト
● 「正解とヒント」(毎年4月発行／産業環境管理協会)
　過去5年分の国家試験の正解と解答のポイントを解説
● 「環境・循環型社会・生物多様性白書」(毎年発行／環境省)
　環境省が発行する白書で最新の情報を確認。インターネットで公開されている。
● 国家試験　問題と正解(解説はありません)
　過去の問題と正解がインターネットで公開されている。
　https://www.jemai.or.jp/polconman/examination/past.html

目 次

水質概論

水質概論

「水質概論」という科目は、水質関係公害防止管理者にとって基本的な知識を学ぶ科目です。試験範囲は、水質汚濁防止法の規制内容や水質関係公害防止管理者の役割、そして水質汚濁に関する概要や現状が中心になります。汚水処理特論などの技術的な内容の科目を学ぶうえで前提となる知識を得るための科目といえます。

出題分析と学習方法

まずはどこにポイントを置いて学習すればよいかを理解しておきましょう。広い試験範囲のなかで、合格ラインといわれる60％の正答率を得るためには、出題傾向に応じた学習方法が重要になります。

▶ **出題数と内訳**

水質概論の出題数は全10問で、過去5年分の内訳は下表のとおりです。

試験科目の範囲	出題数				
	令和元年	令和2年	令和3年	令和4年	令和5年
水質汚濁防止対策のための法規制	4	4	4	4	7
水質汚濁の現状	2	2	2	2	1
水質汚濁の発生源	2	1	1	1	1
水質汚濁の機構	1	1	1	1	0
水質汚濁の影響	1	1	2	1	1
国又は地方公共団体の水質汚濁防止対策	0	1	0	1	0
出題数計	10				

▶ **合格のための学習ポイント**

● 上表中の「水質汚濁防止対策のための法規制」とは、具体的には**水質環境基準**（第1章）、**水質汚濁防止法**（第2章）、**公害防止管理者法（水質関係）**（第3章）の内容です。環境基準では公害総論よりも細かい内容が問われます。水質汚濁防止法は範囲が広いですが、事業者に直接関係する法律のため出題数も多くなっています。公害防止管理者法では、毎年同じような問題が出題されます。

● **水質汚濁の現状**（第4章）とは、具体的には環境基準等の達成状況の内容です。国が公表する全国の水質汚濁状況の調査結果から出題されます。

● **水質汚濁の発生源**（第5章）では、水質汚濁の発生源について学びますが、その中でもBODや溶存酸素などの水質指標についての出題頻度が特に高くなっています。

● **水質汚濁の機構**（第6章）では、特に河川については出題頻度が高い傾向にあります。また、富栄養化の発生原理も押さえておきましょう。

● **水質汚濁の影響**（第7章）では、人の健康影響を中心にポイントを絞って学習しておきましょう。

第 1 章

水質環境基準

1-1 水質関係の環境基準

1-1 水質関係の環境基準

環境基本法に基づいて定められている水質関係の環境基準や要監視項目などについて解説します。どのような分類で各項目が設定されているかを理解しておきましょう。

■1 環境基準

環境基準は、人の健康を保護し、及び生活環境を保全する上で維持されることが望ましい基準をいい、環境保全施策を実施していく上での**行政上の目標**として定められるものです。大気の汚染、水質の汚濁、土壌の汚染及び騒音について環境基準が設定されています。

水質関係の環境基準は、**公共用水域**と**地下水**について設定されています。

■2 水質汚濁に係る環境基準

水質汚濁に係る環境基準※は、**公共用水域**の水質汚濁に係る基準で、大きく「**人の健康の保護に関する環境基準**」※と「**生活環境の保全に関する環境基準**」※に分けられます(図1)。公共用水域※とは一般的にいう河川、湖沼、海域のことで、最終的にこれらの水域に水が流れ込む水路等(地下配管等も含む)も含まれます。

また、「生活環境の保全に関する環境基準」には、「利用目的の適応性」と「水生生物の生息状況の適応性」、「水生生物が生息・再生産する場の適応性」が含まれます。

また、**要監視項目**及び**要調査項目**とは環境基準の候補となる項目です。環境基準、要監視項目、要調査項目の関係及びそれぞれの項目の定義は図2に示すとおりです。

※：水質汚濁に係る環境基準
環境基本法第16条による公共用水域の水質汚濁に係る環境上の条件につき人の健康を保護し及び生活環境を保全するうえで維持することが望ましい基準(昭和46年12月28日環告59号)

※：公共用水域
公共用水域とは河川、湖沼、港湾、沿岸海域その他公共の用に供される水域及びこれに接続する公共溝渠、灌漑用水路その他公共の用に供される水路をいう(水質汚濁防止法第2条より)。

※：人の健康の保護に関する環境基準
「人の健康の保護に関する環境基準」として掲げられる項目は、通常「健康項目」と呼ばれる。

※：生活環境の保全に関する環境基準
「生活環境の保全に関する環境基準」として掲げられる項目は、通称「生活環境項目」と呼ばれる。

図1 水質汚濁に係る環境基準、要監視項目、要調査項目の構成

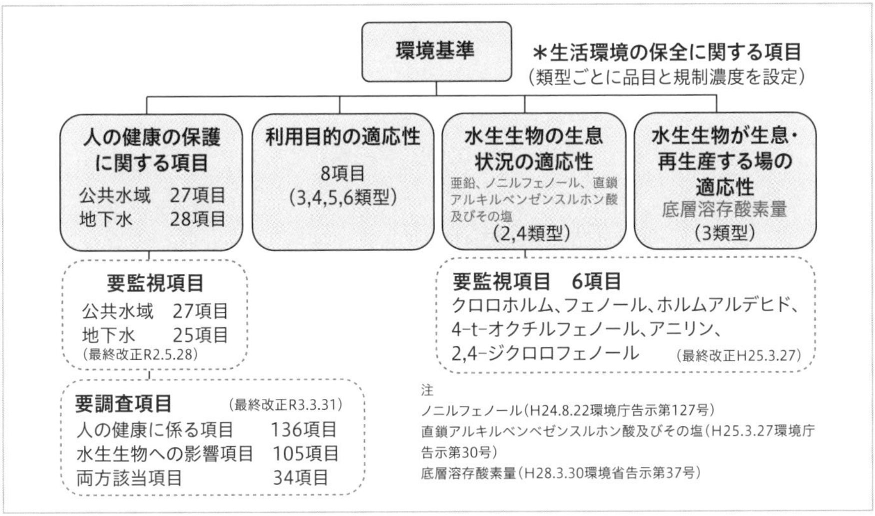

```
                    ┌─────────────┐   *生活環境の保全に関する項目
                    │  環境基準    │   （類型ごとに品目と規制濃度を設定）
                    └─────────────┘
    ┌──────────┬──────────┴──────────┬──────────────┐
┌─────────┐ ┌─────────┐      ┌─────────────┐ ┌──────────────┐
│人の健康の保護│ │利用目的の適応性│      │水生生物の生息  │ │水生生物が生息・│
│に関する項目 │ │            │      │状況の適応性   │ │再生産する場の │
│          │ │  8項目     │      │亜鉛、ノニルフェノール、直鎖│ │適応性        │
│公共水域 27項目│ │（3,4,5,6類型）│      │アルキルベンゼンスルホン酸│ │底層溶存酸素量  │
│地下水  28項目│ │            │      │及びその塩       │ │            │
└─────────┘ └─────────┘      │  （2,4類型）  │ │  （3類型）   │
                                └─────────────┘ └──────────────┘
```

要監視項目
公共水域　27項目
地下水　　25項目
（最終改正R2.5.28）

要調査項目　（最終改正R3.3.31）
人の健康に係る項目　　　136項目
水生生物への影響項目　　105項目
両方該当項目　　　　　　34項目

要監視項目　6項目
クロロホルム、フェノール、ホルムアルデヒド、
4-t-オクチルフェノール、アニリン、
2,4-ジクロロフェノール　（最終改正H25.3.27）

注
ノニルフェノール（H24.8.22環境庁告示第127号）
直鎖アルキルベンゼンスルホン酸及びその塩（H25.3.27環境庁
告示第30号）
底層溶存酸素量（H28.3.30環境省告示第37号）

図2 環境基準項目、要監視項目及び要調査項目の関係

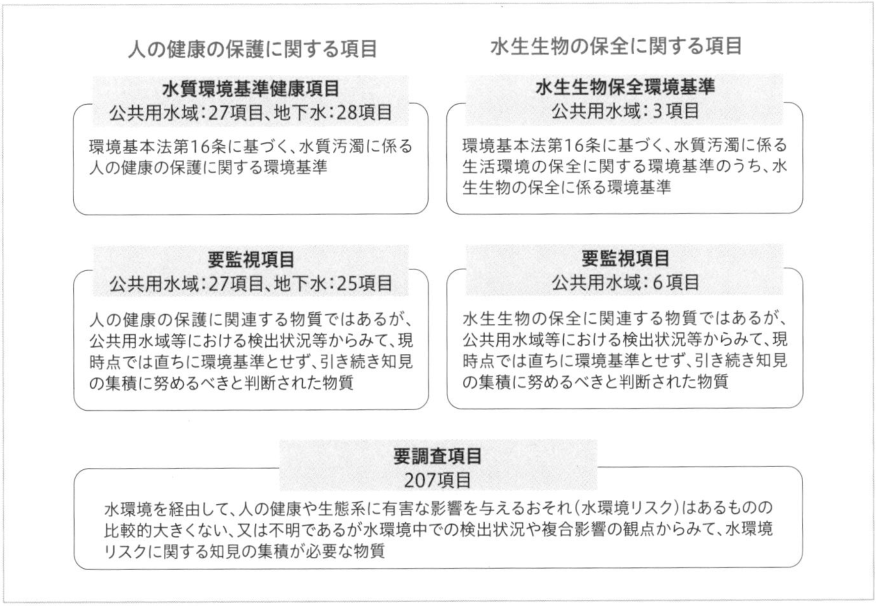

人の健康の保護に関する項目	水生生物の保全に関する項目
水質環境基準健康項目 公共用水域：27項目、地下水：28項目 環境基本法第16条に基づく、水質汚濁に係る人の健康の保護に関する環境基準	**水生生物保全環境基準** 公共用水域：3項目 環境基本法第16条に基づく、水質汚濁に係る生活環境の保全に関する環境基準のうち、水生生物の保全に係る環境基準
要監視項目 公共用水域：27項目、地下水：25項目 人の健康の保護に関連する物質ではあるが、公共用水域等における検出状況等からみて、現時点では直ちに環境基準とせず、引き続き知見の集積に努めるべきと判断された物質	**要監視項目** 公共用水域：6項目 水生生物の保全に関連する物質ではあるが、公共用水域等における検出状況等からみて、現時点では直ちに環境基準とせず、引き続き知見の集積に努めるべきと判断された物質

要調査項目
207項目

水環境を経由して、人の健康や生態系に有害な影響を与えるおそれ（水環境リスク）はあるものの比較的大きくない、又は不明であるが水環境中での検出状況や複合影響の観点からみて、水環境リスクに関する知見の集積が必要な物質

第1章　第2章　第3章　第4章　第5章　第6章　第7章　第8章

● 人の健康の保護に関する環境基準

人の健康の保護に関する環境基準を表1に示します。国家試験では各項目や基準値について問われますので、表1の内容は「ポイント」に従って要点を記憶しておきましょう。

● 生活環境の保全に関する環境基準

生活環境の保全に関する環境基準の概要を表2に示します。生活環境の保全に関する環境基準は、公共用水域を水域の利用目的、水質汚濁の状況、水質汚濁源の立地状況などを考慮して**水域類型**※ごとに基準値が定められています（P.14別表2参照）。

国家試験で具体的な基準値を問われる可能性は低いですが、**水域類型ごとに基準値が定められている**ことと、新たに加わった次の項目については記憶しておきましょう。

・2012（平成24）年8月：**ノニルフェノール**が追加
・2013（平成25）年3月：**直鎖アルキルベンゼンスルホン酸及びその塩**が追加
・2016（平成28）年3月：**底層溶存酸素量**が追加

※：水域類型
水域類型の指定は、2以上の都道府県の区域にわたる水域であって政令で定める水域については政府が行い、そのほかの水域は都道府県知事が行うことになっている。たとえば、表2に示すように、河川では利用目的の適応性によって類型が6類型（AA、A、B、C、D、E）に分類され、AAに指定された水域では最も厳しい基準値が設定されている。

📝 **ポイント**

①厳しい基準値が設定されている項目がよく出題される。
・「検出されないこと」となっている項目：全シアン、アルキル水銀、PCB
・基準値が小さい項目：総水銀、四塩化炭素、1,3-ジクロロプロペン、カドミウムなど
②備考の記述中、次の内容がよく出題される。
・基準値は年間平均値とする。ただし、全シアンに係る基準値については、最高値とする。
・「検出されないこと」とは、測定方法の項に掲げる方法により測定した場合において、その結果が当該方法の定量限界を下回ることをいう。
・海域については、ふっ素及びほう素の基準値は適用しない。

表1 人の健康の保護に関する環境基準（健康項目）

項目	基準値	項目	基準値
カドミウム[†2]	0.003 mg/L 以下	1,1,2-トリクロロエタン	0.006 mg/L 以下
全シアン	検出されないこと	トリクロロエチレン[†3]	0.01 mg/L 以下
鉛	0.01 mg/L 以下	テトラクロロエチレン	0.01 mg/L 以下
六価クロム[†4]	0.02 mg/L 以下	1,3-ジクロロプロペン	0.002 mg/L 以下
砒素	0.01 mg/L 以下	チウラム	0.006 mg/L 以下
総水銀	0.0005 mg/L 以下	シマジン	0.003 mg/L 以下
アルキル水銀	検出されないこと	チオベンカルブ	0.02 mg/L 以下
PCB	検出されないこと	ベンゼン	0.01 mg/L 以下
ジクロロメタン	0.02 mg/L 以下	セレン	0.01 mg/L 以下
四塩化炭素	0.002 mg/L 以下	硝酸性窒素及び亜硝酸性窒素	10 mg/L 以下
1,2-ジクロロエタン	0.004 mg/L 以下	ふっ素	0.8 mg/L 以下
1,1-ジクロロエチレン	0.1 mg/L 以下	ほう素	1 mg/L 以下
シス-1,2-ジクロロエチレン	0.04 mg/L 以下	1,4-ジオキサン[†1]	0.05 mg/L 以下
1,1,1-トリクロロエタン	1 mg/L 以下		

†1：平成21年11月追加　　　†2：平成23年10月改正　　　†3：平成26年11月改正
†4：令和4年4月改正

［備考］
1　**基準値は年間平均値とする。ただし、全シアンに係る基準値については、最高値とする。**
2　「検出されないこと」とは、測定方法の項に掲げる方法により測定した場合において、その結果が当該方法の定量限界を下回ることをいう。
3　海域については、ふっ素及びほう素の基準値は適用しない。
4　硝酸性窒素及び亜硝酸性窒素の濃度は、測定された硝酸イオンの濃度に換算係数 0.2259 を乗じたものと亜硝酸イオンの濃度に換算係数 0.3045 を乗じたものの和とする。
［水質汚濁に係る環境基準別表1を要約］

表2 生活環境の保全に関する環境基準（生活項目）

適応性	利用目的の適応性						水生生物の生息状況の適応性				水生生物が生息・再生産する場の適応性	
項目	pH	BOD又はCOD	SS（浮遊物質量）	DO（溶存酸素量）	大腸菌数*（90%水質値）	n-ヘキサン抽出物	全窒素	全燐	全亜鉛	ノニルフェノール	直鎖アルキルベンゼンスルホン酸及びその塩	底層溶存酸素量	合計（項目数）
河川	○	○（BOD）	○	○	○				○	○	○		8
	6 類型分け								4 類型分け				−
湖沼	○	○（COD）	○	○	○		○	○	○	○	○	○	11
	4 類型分け						5 類型		4 類型分け			3 類型	−
海域	○	○（COD）		○	○（Aのみ）	○（A、Bのみ）	○	○	○	○	○	○	11
	3 類型分け						4 類型		2 類型分け			3 類型	−

河川、湖沼、海域を「利用目的の適応性」「水生生物の生息状況の適応性」によって「類型」に分け、類型ごとに基準値を設定。表の○印のところに基準値が設定されている。
＊令和4年4月施行：CFU（Colony Forming Unit コロニー形成単位）

第1章
第2章
第3章
第4章
第5章
第6章
第7章
第8章

3 地下水の水質汚濁に係る環境基準

地下水の水質汚濁に係る環境基準※は、前述の公共用水域の水質汚濁に係る環境基準（健康項目）と同様に人の健康の保護の観点から定められています。そのため、項目や基準値はほとんど同じです。

地下水の水質汚濁に係る環境基準を表3に示します。前出の表1と異なる項目が国家試験でよく問われますので注意しておきましょう。

すなわち、地下水の水質汚濁に係る環境基準には、水質汚濁に係る環境基準（健康項目）に加え**クロロエチレン**（別名：塩化ビニル又は塩化ビニルモノマー）が設定され、シス−1,2−ジクロロエチレンの代わりに**1,2-ジクロロエチレン**※が設定されています。

※：地下水の水質汚濁に係る環境基準
環境基本法第16条による地下水の水質汚濁に係る環境上の条件につき人の健康を保護する上で維持することが望ましい基準（平成9年3月13日環境庁告示第10号）

※：1,2-ジクロロエチレン
公共用水域ではシス−1,2−ジクロロエチレンだけが設定され、地下水ではシス−1,2−ジクロロエチレンとトランス−1,2−ジクロロエチレンの濃度の合計値が基準値として設定されている。この理由は、地下水の上流でテトラクロロエチレンやトリクロロエチレンによる地下水汚染が発生した場合、地下水中で塩素がひとつずつとれる脱塩素化反応で分解するが、トリクロロエチレンから1,2−ジクロロエチレンに分解する際に、シス体とトランス体の生成する確率は50％ずつなので、地下水上流でのテトラクロロエチレン、トリクロロエチレン汚染を見逃さないために「シス体」「トランス体」の両方の合算値が基準値とされている。

表3　地下水環境基準

項目	基準値	項目	基準値
カドミウム[†2]	0.003 mg/L 以下	1,1,1-トリクロロエタン	1 mg/L 以下
全シアン	検出されないこと	1,1,2-トリクロロエタン	0.006 mg/L 以下
鉛	0.01 mg/L 以下	トリクロロエチレン[†3]	0.01 mg/L 以下
六価クロム[†4]	0.02 mg/L 以下	テトラクロロエチレン	0.01 mg/L 以下
砒素	0.01 mg/L 以下	1,3-ジクロロプロペン	0.002 mg/L 以下
総水銀	0.0005 mg/L 以下	チウラム	0.006 mg/L 以下
アルキル水銀	検出されないこと	シマジン	0.003 mg/L 以下
PCB	検出されないこと	チオベンカルブ	0.02 mg/L 以下
ジクロロメタン	0.02 mg/L 以下	ベンゼン	0.01 mg/L 以下
四塩化炭素	0.002 mg/L 以下	セレン	0.01 mg/L 以下
クロロエチレン[†1]	0.002 mg/L 以下	硝酸性窒素及び亜硝酸性窒素	10 mg/L 以下
1,2-ジクロロエタン	0.004 mg/L 以下	ふっ素	0.8 mg/L 以下
1,1-ジクロロエチレン	0.1 mg/L 以下	ほう素	1 mg/L 以下
1,2-ジクロロエチレン[†1]	0.04 mg/L 以下	1,4-ジオキサン[†1]	0.05 mg/L 以下

†1：環境基準：H21.11 施行／浄化基準：H24.5 施行
†2：環境基準：H23.10 施行／浄化基準：H26.12 施行
†3：環境基準：H26.11 施行／浄化基準：H27.10 施行
†4：環境基準：R4.4 施行
　　　：人の健康保護に関する環境基準（健康項目）との違い
（地下水浄化基準：地下水環境基準と同じ値 + 有機りん（検出されないこと））

❹ ダイオキシン類対策特別措置法による水質環境基準

　水質汚濁に係る環境基準、地下水の水質汚濁に係る環境基準のほかに、ダイオキシン類対策特別措置法に基づき**ダイオキシン類**の環境基準も設定されています。水質関係としては、水質及び水底の底質のダイオキシン類の基準値が定められています。

　・水質（水底の底質を除く。）：1pg-TEQ/L以下
　・水底の底質：150pg-TEQ/g以下

　国家試験では、水質汚濁に係る環境基準、地下水の水質汚濁に係る環境基準の告示の文章から出題されることもあります。次に告示そのものを引用しました。全文を覚えるのは困難ですので、実際に出題された箇所（次項の「練習問題」を参照）や下線部分については記憶にとどめておきましょう。

水質汚濁に係る環境基準について

　公害対策基本法（昭和42年法律第132号）第9条の規定に基づく水質汚濁に係る環境基準を次のとおり告示する。
　環境基本法（平成5年法律第91号）第16条による公共用水域の水質汚濁に係る環境上の条件につき人の健康を保護し及び生活環境（同法第2条第3項で規定するものをいう。以下同じ。）を保全するうえで維持することが望ましい基準（以下「環境基準」という。）は、次のとおりとする。
第1　環境基準
　公共用水域の水質汚濁に係る環境基準は、人の健康の保護および生活環境の保全に関し、それぞれ次のとおりとする。
　1　人の健康の保護に関する環境基準
　　人の健康の保護に関する環境基準は、全公共用水域につき、別表1の項目の欄に掲げる項目ごとに、同表の基準値の欄に掲げるとおりとする。
　2　生活環境の保全に関する環境基準
　(1)　生活環境の保全に関する環境基準は、各公共用水域につき、別表2の水域類型の欄に掲げる<u>水域類型のうち当該公共用水域が該当する水域類型</u>ごとに、同表の基準値の欄に掲げるとおりとする。

(2)　水域類型の指定を行うに当たっては、次に掲げる事項による
こと。

ア　水質汚濁に係る公害が著しくなっており、又は著しくなる
おそれのある水域を優先すること。

イ　当該水域における水質汚濁の状況、水質汚濁源の立地状況
等を勘案すること。

ウ　当該水域の利用目的及び将来の利用目的に配慮すること。

エ　当該水域の水質が現状よりも少なくとも悪化することを許
容することとならないように配慮すること。

オ　目標達成のための施策との関連に留意し、達成期間を設定
すること。

カ　対象水域が、2以上の都道府県の区域に属する公共用水域
(以下「県際水域」という。)の一部の水域であるときは、水域
類型の指定は、当該県際水域に関し、関係都道府県知事が行
う水域類型の指定と原則として同一の日付けで行うこと。

第2　公共用水域の水質の測定方法等

環境基準の達成状況を調査するため、公共用水域の水質の測定を行
なう場合には、次の事項に留意することとする。

(1)　測定方法は、別表1 および別表2 の測定方法の欄に掲げるとお
りとする。

この場合においては、測定点の位置の選定、試料の採取および
操作等については、水域の利水目的との関連を考慮しつつ、最も
適当と考えられる方法によるものとする。

(2)　測定の実施は、人の健康の保護に関する環境基準の関係項目に
ついては、公共用水域の水量の如何を問わずに随時、生活環境の
保全に関する環境基準の関係項目については、公共用水域が通常
の状態(河川にあっては低水量以上の流量がある場合、湖沼にあっ
ては低水位以上の水位にある場合等をいうものとする。)の下にあ
る場合に、それぞれ適宜行なうこととする。

(3)　測定結果に基づき水域の水質汚濁の状況が環境基準に適合して
いるか否かを判断する場合には、水域の特性を考慮して、2ない
し3 地点の測定結果を総合的に勘案するものとする。

第3　環境基準の達成期間等

環境基準の達成に必要な期間およびこの期間が長期間である場合の
措置は、次のとおりとする。

1　人の健康の保護に関する環境基準

これについては、設定後直ちに達成され、維持されるように努
めるものとする。

2　生活環境の保全に関する環境基準

これについては、各公共用水域ごとに、おおむね次の区分によ
り、施策の推進とあいまちつつ、可及的速かにその達成維持を図

るものとする。

(1) 　現に著しい人口集中、大規模な工業開発等が進行している地域に係る水域で著しい水質汚濁が生じているものまたは生じつつあるものについては、5年以内に達成することを目途とする。ただし、これらの水域のうち、水質汚濁が極めて著しいため、水質の改善のための施策を総合的に講じても、この期間内における達成が困難と考えられる水域については、当面、暫定的な改善目標値を適宜設定することにより、段階的に当該水域の水質の改善を図りつつ、極力環境基準の速やかな達成を期することとする。

(2) 　水質汚濁防止を図る必要のある公共用水域のうち、(1)の水域以外の水域については、設定後直ちに達成され、維持されるよう水質汚濁の防止に努めることとする。

第4　環境基準の見直し

1 　環境基準は、次により、適宜改訂することとする。

(1) 　科学的な判断の向上に伴う基準値の変更および環境上の条件となる項目の追加等

(2) 　水質汚濁の状況、水質汚濁源の事情等の変化に伴う環境上の条件となる項目の追加等

(3) 　水域の利用の態様の変化等事情の変更に伴う各水域類型の該当水域および当該水域類型に係る環境基準の達成期間の変更

2 　1の(3)に係る環境基準の改定は、第1の2の(2)に準じて行うものとする。

※：全水銀とアルキル水銀の基準値の違い

次ページの別表1に掲げる全水銀にはアルキル水銀も含まれる。アルキル水銀の「検出されないこと」という基準値は、アルキル水銀の分析法で分析した場合の基準値。総水銀の分析法で分析した場合には、0.0005mg/L以下が適用される。

別表 1 人の健康の保護に関する環境基準

項目	基準値	測定方法
カドミウム	0.003 mg/L 以下	日本産業規格 K 0102（以下「規格」という。）55.2、55.3 又は 55.4 に定める方法
全シアン	検出されないこと。	規格 38.1.2（規格 38 の備考 11 を除く。以下同じ。）及び 38.2 に定める方法、規格 38.1.2 及び 38.3 に定める方法、規格 38.1.2 及び 38.5 に定める方法又は付表 1 に掲げる方法
鉛	0.01 mg/L 以下	規格 54 に定める方法
六価クロム	0.02 mg/L 以下	規格 65.2（規格 65.2.2 及び 65.2.7 を除く。）に定める方法（ただし、次の 1 から 3 までに掲げる場合にあっては、それぞれ 1 から 3 までに定めるところによる。） 1　規格 65.2.1 に定める方法による場合　原則として光路長 50mm の吸収セルを用いること。 2　規格 65.2.3、65.2.4 又は 65.2.5 に定める方法による場合（規格 65. の備考 11 の b）による場合に限る。）　試料に、その濃度が基準値相当分（0.02mg/L）増加するように六価クロム標準液を添加して添加回収率を求め、その値が 70 ～ 120%であることを確認すること。 3　規格 65.2.6 に定める方法により汽水又は海水を測定する場合　2 に定めるところによるほか、日本産業規格 K 0170-7 の 7 の a）又は b）に定める操作を行うこと。
砒素	0.01 mg/L 以下	規格 61.2、61.3 又は 61.4 に定める方法
総水銀	0.0005 mg/L 以下	付表 2 に掲げる方法
アルキル水銀	検出されないこと。	付表 3 に掲げる方法
PCB	検出されないこと。	付表 4 に掲げる方法
ジクロロメタン	0.02 mg/L 以下	日本産業規格 K 0125 の 5.1、5.2 又は 5.3.2 に定める方法
四塩化炭素	0.002 mg/L 以下	日本産業規格 K 0125 の 5.1、5.2、5.3.1、5.4.1 又は 5.5 に定める方法
1,2 - ジクロロエタン	0.004 mg/L 以下	日本産業規格 K 0125 の 5.1、5.2、5.3.1 又は 5.3.2 に定める方法
1,1 - ジクロロエチレン	0.1 mg/L 以下	日本産業規格 K 0125 の 5.1、5.2 又は 5.3.2 に定める方法
シス - 1,2 - ジクロロエチレン	0.04 mg/L 以下	日本産業規格 K 0125 の 5.1、5.2 又は 5.3.2 に定める方法
1,1,1 - トリクロロエタン	1 mg/L 以下	日本産業規格 K 0125 の 5.1、5.2、5.3.1、5.4.1 又は 5.5 に定める方法
1,1,2 - トリクロロエタン	0.006 mg/L 以下	日本産業規格 K 0125 の 5.1、5.2、5.3.1、5.4.1 又は 5.5 に定める方法
トリクロロエチレン	0.01 mg/L 以下	日本産業規格 K 0125 の 5.1、5.2、5.3.1、5.4.1 又は 5.5 に定める方法
テトラクロロエチレン	0.01 mg/L 以下	日本産業規格 K 0125 の 5.1、5.2、5.3.1、5.4.1 又は 5.5 に定める方法
1,3 - ジクロロプロペン	0.002 mg/L 以下	日本産業規格 K 0125 の 5.1、5.2 又は 5.3.1 に定める方法
チウラム	0.006 mg/L 以下	付表 5 に掲げる方法
シマジン	0.003 mg/L 以下	付表 6 の第 1 又は第 2 に掲げる方法
チオベンカルブ	0.02 mg/L 以下	付表 6 の第 1 又は第 2 に掲げる方法
ベンゼン	0.01 mg/L 以下	日本産業規格 K 0125 の 5.1、5.2 又は 5.3.2 に定める方法
セレン	0.01 mg/L 以下	規格 67.2、67.3 又は 67.4 に定める方法
硝酸性窒素及び亜硝酸性窒素	10 mg/L 以下	硝酸性窒素にあっては規格 43.2.1、43.2.3、43.2.5 又は 43.2.6 に定める方法、亜硝酸性窒素にあっては規格 43.1 に定める方法

ふっ素	0.8mg/L 以下	規格 34.1（規格 34 の備考 1 を除く。）若しくは 34.4（妨害となる物質としてハロゲン化合物又はハロゲン化水素が多量に含まれる試料を測定する場合にあっては、蒸留試薬溶液として、水約 200ml に硫酸 10ml、りん酸 60ml 及び塩化ナトリウム 10 g を溶かした溶液とグリセリン 250ml を混合し、水を加えて 1,000ml としたものを用い、日本産業規格 K 0170-6 の 6 図 2 注記のアルミニウム溶液のラインを追加する。）に定める方法又は規格 34.1.1 c）（注（2）第三文及び規格 34 の備考 1 を除く。）に定める方法（懸濁物質及びイオンクロマトグラフ法で妨害となる物質が共存しないことを確認した場合にあっては、これを省略することができる。）及び付表 7 に掲げる方法
ほう素	1mg/L 以下	規格 47.1、47.3 又は 47.4 に定める方法
1,4-ジオキサン	0.05mg/L 以下	付表 8 に掲げる方法

備考
1　基準値は年間平均値とする。ただし、全シアンに係る基準値については、最高値とする。
2　「検出されないこと」とは、測定方法の項に掲げる方法により測定した場合において、その結果が当該方法の定量限界を下回ることをいう。別表 2 において同じ。
3　海域については、ふっ素及びほう素の基準値は適用しない。
4　硝酸性窒素及び亜硝酸性窒素の濃度は、規格 43.2.1、43.2.3、43.2.5 又は 43.2.6 により測定された硝酸イオンの濃度に換算係数 0.2259 を乗じたものと規格 43.1 により測定された亜硝酸イオンの濃度に換算係数 0.3045 を乗じたものの和とする。

別表2　生活環境の保全に関する環境基準

1　河川
(1)　河川（湖沼を除く。）
ア

項目／類型	利用目的の適応性	基準値					該当水域
		水素イオン濃度（pH）	生物化学的酸素要求量（BOD）	浮遊物質量（SS）	溶存酸素量（DO）	大腸菌数	
AA	水道1級自然環境保全及びA以下の欄に掲げるもの	6.5以上8.5以下	1mg/L以下	25mg/L以下	7.5mg/L以上	20CFU/100ml以下	第1の2の(2)により水域類型ごとに指定する水域
A	水道2級水産1級水浴及びB以下の欄に掲げるもの	6.5以上8.5以下	2mg/L以下	25mg/L以下	7.5mg/L以上	300CFU/100ml以下	
B	水道3級水産2級及びC以下の欄に掲げるもの	6.5以上8.5以下	3mg/L以下	25mg/L以下	5mg/L以上	1,000CFU/100ml以下	
C	水産3級工業用水1級及びD以下の欄に掲げるもの	6.5以上8.5以下	5mg/L以下	50mg/L以下	5mg/L以上	—	
D	工業用水2級農業用水及びEの欄に掲げるもの	6.0以上8.5以下	8mg/L以下	100mg/L以下	2mg/L以上	—	
E	工業用水3級環境保全	6.0以上8.5以下	10mg/L以下	ごみ等の浮遊が認められないこと	2mg/L以上	—	
測定方法		規格12.1に定める方法又はガラス電極を用いる水質自動監視測定装置によりこれと同程度の計測結果の得られる方法	規格21に定める方法	付表9に掲げる方法	規格32に定める方法又は隔膜電極若しくは光学式センサを用いる水質自動監視測定装置によりこれと同程度の計測結果の得られる方法	付表10に掲げる方法	

備考
1　基準値は、日間平均値とする。ただし、大腸菌数に係る基準値については、90%水質値（年間の日間平均値の全データをその値の小さいものから順に並べた際の0.9×n番目（nは日間平均値のデータ数）のデータ値（0.9×nが整数でない場合は端数を切り上げた整数番目の値をとる。））とする（湖沼、海域もこれに準ずる。）。
2　農業用利水点については、水素イオン濃度6.0以上7.5以下、溶存酸素量5mg/L以上とする（湖沼もこれに準ずる。）。
3　水質自動監視測定装置とは、当該項目について自動的に計測することができる装置であって、計測結果を自動的に記録する機能を有するもの又はその機能を有する機器と接続されているものをいう（湖沼、海域もこれに準ずる。）。

4 水道1級を利用目的としている地点（自然環境保全を利用目的としている地点を除く。）については、大腸菌数100CFU/100m*l*以下とする。

5 水産1級、水産2級及び水産3級については、当分の間、大腸菌数の項目の基準値は適用しない（湖沼、海域もこれに準ずる。）。

6 大腸菌数に用いる単位はCFU（コロニー形成単位（Colony Forming Unit））/100m*l*とし、大腸菌を培地で培養し、発育したコロニー数を数えることで算出する。

(注) 1 自然環境保全：自然探勝等の環境保全

2 水道1級：ろ過等による簡易な浄水操作を行うもの
水道2級：沈殿ろ過等による通常の浄水操作を行うもの
水道3級：前処理等を伴う高度の浄水操作を行うもの

3 水産1級：ヤマメ、イワナ等貧腐水性水域の水産生物用並びに水産2級及び水産3級の水産生物用
水産2級：サケ科魚類及びアユ等貧腐水性水域の水産生物用及び水産3級の水産生物用
水産3級：コイ、フナ等、β-中腐水性水域の水産生物用

4 工業用水1級：沈殿等による通常の浄水操作を行うもの
工業用水2級：薬品注入等による高度の浄水操作を行うもの
工業用水3級：特殊の浄水操作を行うもの

5 環 境 保 全：国民の日常生活（沿岸の遊歩等を含む。）において不快感を生じない限度

イ

項目／類型	水生生物の生息状況の適応性	基準値			該当水域
		全亜鉛	ノニルフェノール	直鎖アルキルベンゼンスルホン酸及びその塩	
生物A	イワナ、サケマス等比較的低温域を好む水生生物及びこれらの餌生物が生息する水域	0.03mg/L以下	0.001mg/L以下	0.03mg/L以下	第1の2の②により水域類型ごとに指定する水域
生物特A	生物Aの水域のうち、生物Aの欄に掲げる水生生物の産卵場（繁殖場）又は幼稚仔の生育場として特に保全が必要な水域	0.03mg/L以下	0.0006mg/L以下	0.02mg/L以下	
生物B	コイ、フナ等比較的高温域を好む水生生物及びこれらの餌生物が生息する水域	0.03mg/L以下	0.002mg/L以下	0.05mg/L以下	
生物特B	生物A又は生物Bの水域のうち、生物Bの欄に掲げる水生生物の産卵場（繁殖場）又は幼稚仔の生育場として特に保全が必要な水域	0.03mg/L以下	0.002mg/L以下	0.04mg/L以下	
測定方法		規格53に定める方法	付表11に掲げる方法	付表12に掲げる方法	

備考
1 基準値は、年間平均値とする（湖沼、海域もこれに準ずる。）。

(2)　湖沼（天然湖沼及び貯水量が 1,000 万立方メートル以上であり、かつ、水の滞留時間が 4 日間以上である人工湖）

ア

項目 類型	利用目的の適応性	基準値					該当水域
		水素イオン 濃度（pH）	化学的酸素要 求量（COD）	浮遊物質量 （SS）	溶存酸素量 （DO）	大腸菌数	
AA	水道 1 級 水産 1 級 自然環境保全及 び A 以下の欄に 掲げるもの	6.5 以上 8.5 以下	1mg/L 以下	1mg/L 以下	7.5mg/L 以上	20CFU/100ml 以下	第 1 の 2 の (2) により水域類型ごとに指定する水域
A	水道 2、3 級 水産 2 級 水浴及び B 以下 の欄に掲げるも の	6.5 以上 8.5 以下	3mg/L 以下	5mg/L 以下	7.5mg/L 以上	300CFU/100ml 以下	
B	水産 3 級 工業用水 1 級 農業用水 及び C の欄に掲 げるもの	6.5 以上 8.5 以下	5mg/L 以下	15mg/L 以下	5mg/L 以上	—	
C	工業用水 2 級 環境保全	6.0 以上 8.5 以下	8mg/L 以下	ごみ等の 浮遊が認 められな いこと。	2mg/L 以上	—	
	測定方法	規格 12.1 に定める方法又はガラス電極を用いる水質自動監視測定装置によりこれと同程度の計測結果の得られる方法	規格 17 に定める方法	付表 9 に掲げる方法	規格 32 に定める方法又は隔膜電極を用いる水質自動監視測定装置によりこれと同程度の計測結果の得られる方法 若しくは光学式溶存酸素自動計測器を用いてこれと同程度の計測結果の得られる方法	付表 10 に掲げる方法	

備考
1　水産 1 級、水産 2 級及び水産 3 級については、当分の間、浮遊物質量の項目の基準値は適用しない。
2　水道 1 級を利用目的としている地点（自然環境保全を利用目的としている地点を除く。）については、大腸菌数 100CFU/100ml 以下とする。
3　水道 3 級を利用目的としている地点（水浴又は水道 2 級を利用目的としている地点を除く。）については、大腸菌数 1,000CFU/100ml 以下とする。
4　大腸菌数に用いる単位は CFU（コロニー形成単位（Colony Forming Unit））/100ml とし、大腸菌を培地で培養し、発育したコロニー数を数えることで算出する。

(注)　1　自然環境保全：自然探勝等の環境の保全
　　　2　水道 1 級：ろ過等による簡易な浄水操作を行うもの
　　　　　水道 2、3 級：沈殿ろ過等による通常の浄水操作、又は、前処理等を伴う高度の浄水操作を行うもの
　　　3　水産 1 級：ヒメマス等貧栄養湖型の水域の水産生物用並びに水産 2 級及び水産 3 級の水産生物用
　　　　　水産 2 級：サケ科魚類及びアユ等貧栄養湖型の水域の水産生物用並びに水産 3 級の水産生物用
　　　　　水産 3 級：コイ、フナ等富栄養湖型の水域の水産生物用
　　　4　工業用水 1 級：沈殿等による通常の浄水操作を行うもの
　　　　　工業用水 2 級：薬品注入等による高度の浄水操作、又は、特殊な浄水操作を行うもの
　　　5　環境保全：国民の日常生活(沿岸の遊歩等を含む。)において不快感を生じない限度

イ

類型＼項目	利用目的の適応性	基準値		該当水域
		全窒素	全燐	
I	自然環境保全及びII以下の欄に掲げるもの	0.1mg/L以下	0.005mg/L以下	第1の2の(2)により水域類型ごとに指定する水域
II	水道1、2、3級（特殊なものを除く。）水産1種水浴及びIII以下の欄に掲げるもの	0.2mg/L以下	0.01mg/L以下	
III	水道3級（特殊なもの）及びIV以下の欄に掲げるもの	0.4mg/L以下	0.03mg/L以下	
IV	水産2種及びVの欄に掲げるもの	0.6mg/L以下	0.05mg/L以下	
V	水産3種工業用水農業用水環境保全	1mg/L以下	0.1mg/L以下	
測定方法		規格45.2、45.3、45.4又は45.6（規格45の備考3を除く。2イにおいて同じ。）に定める方法	規格46.3（規格46の備考9を除く。2イにおいて同じ。）に定める方法	✕

備考
1　基準値は、年間平均値とする。
2　水域類型の指定は、湖沼植物プランクトンの著しい増殖を生ずるおそれがある湖沼について行うものとし、全窒素の項目の基準値は、全窒素が湖沼植物プランクトンの増殖の要因となる湖沼について適用する。
3　農業用水については、全燐の項目の基準値は適用しない。

(注)　1　自然環境保全：自然探勝等の環境保全
　　　2　水道1級：ろ過等による簡易な浄水操作を行うもの
　　　　水道2級：沈殿ろ過等による通常の浄水操作を行うもの
　　　　水道3級：前処理等を伴う高度の浄水操作を行うもの（「特殊なもの」とは、臭気物質の除去が可能な特殊な浄水操作を行うものをいう。）
　　　3　水産1種：サケ科魚類及びアユ等の水産生物用並びに水産2種及び水産3種の水産生物用
　　　　水産2種：ワカサギ等の水産生物用及び水産3種の水産生物用
　　　　水産3種：コイ、フナ等の水産生物用
　　　4　環境保全：国民の日常生活（沿岸の遊歩等を含む。）において不快感を生じない限度

ウ

類型＼項目	水生生物の生息状況の適応性	基準値			該当水域
		全亜鉛	ノニルフェノール	直鎖アルキルベンゼンスルホン酸及びその塩	
生物A	イワナ、サケマス等比較的低温域を好む水生生物及びこれらの餌生物が生息する水域	0.03mg/L以下	0.001mg/L以下	0.03mg/L以下	第1の2の(2)により水域類型ごとに指定する水域
生物特A	生物Aの水域のうち、生物Aの欄に掲げる水生生物の産卵場（繁殖場）又は幼稚仔の生育場として特に保全が必要な水域	0.03mg/L以下	0.0006mg/L以下	0.02mg/L以下	
生物B	コイ、フナ等比較的高温域を好む水生生物及びこれらの餌生物が生息する水域	0.03mg/L以下	0.002mg/L以下	0.05mg/L以下	

生物特B	生物A又は生物Bの水域のうち、生物Bの欄に掲げる水生生物の産卵場（繁殖場）又は幼稚仔の生育場として特に保全が必要な水域	0.03mg/L以下	0.002mg/L以下	0.04mg/L以下	
	測定方法	規格53に定める方法	付表11に掲げる方法	付表12に掲げる方法	

エ

項目／類型	水生生物が生息・再生産する場の適応性	基準値 底層溶存酸素量	該当水域
生物1	生息段階において貧酸素耐性の低い水生生物が生息できる場を保全・再生する水域又は再生産段階において貧酸素耐性の低い水生生物が再生産できる場を保全・再生する水域	4.0mg/L以上	第1の2の(2)により水域類型ごとに指定する水域
生物2	生息段階において貧酸素耐性の低い水生生物を除き、水生生物が生息できる場を保全・再生する水域又は再生産段階において貧酸素耐性の低い水生生物を除き、水生生物が再生産できる場を保全・再生する水域	3.0mg/L以上	
生物3	生息段階において貧酸素耐性の高い水生生物が生息できる場を保全・再生する水域、再生産段階において貧酸素耐性の高い水生生物が再生産できる場を保全・再生する水域又は無生物域を解消する水域	2.0mg/L以上	
測定方法		規格32に定める方法又は付表13に掲げる方法	

備考
1　基準値は、日間平均値とする。
2　底面付近で溶存酸素量の変化が大きいことが想定される場合の採水には、横型のバンドン採水器を用いる。

2　海域

ア

項目／類型	利用目的の適応性	基準値					該当水域
		水素イオン濃度（pH）	化学的酸素要求量（COD）	溶存酸素量（DO）	大腸菌数	n-ヘキサン抽出物質（油分等）	
A	水産1級 水浴 自然環境保全及びB以下の欄に掲げるもの	7.8以上 8.3以下	2mg/L以下	7.5mg/L以上	300CFU/100ml以下	検出されないこと。	第1の2の(2)により水域類型ごとに指定する水域
B	水産2級 工業用水及びCの欄に掲げるもの	7.8以上 8.3以下	3mg/L以下	5mg/L以上		検出されないこと。	
C	環境保全	7.0以上 8.3以下	8mg/L以下	2mg/L以上	—	—	
測定方法		規格12.1に定める方法又はガラス電極を用いる水質自動監視測定装置によりこれと同程度の計測結果の得られる方法	規格17に定める方法（ただし、B類型の工業用水及び水産2級のうちノリ養殖の利水点における測定方法はアルカリ性法）	規格32に定める方法又は隔膜電極を用いる水質自動監視測定装置によりこれと同程度の計測結果の得られる方法	付表10に掲げる方法	付表14に掲げる方法	

備考
1 自然環境保全を利用目的としている地点については、大腸菌数 20CFU/100mℓ 以下とする。
2 アルカリ性法とは、次のものをいう。
　試料 50mℓ を正確に三角フラスコにとり、水酸化ナトリウム溶液（10w/v%）1mℓ を加え、次に過マンガン酸カリウム溶液（2mmol/L）10mℓ を正確に加えたのち、沸騰した水溶中に正確に 20 分放置する。その後よう化カリウム溶液（10w/v%）1mℓ とアジ化ナトリウム溶液（4w/v%）1滴を加え、冷却後、硫酸（2 + 1）0.5mℓ を加えてよう素を遊離させ、それを力価の判明しているチオ酸ナトリウム溶液（10mmol/L）ででんぷん溶液を指示薬として滴定する。同時に試料の代わりに蒸留水を用い、同様に処理した空試験値を求め、次式により COD 値を計算する。
　　COD (O$_2$mg/L) = 0.08 × [(b)−(a)] × f Na$_2$S$_2$O$_3$ × 1000/50
　　(a)：チオ硫酸ナトリウム溶液（10mmol/L）の滴定値（mℓ）
　　(b)：蒸留水について行った空試験値（mℓ）
　　f Na$_2$S$_2$O$_3$：チオ硫酸ナトリウム溶液（10mmol/L）の力価
3 大腸菌数に用いる単位は CFU（コロニー形成単位（Colony Forming Unit））/100mℓ とし、大腸菌を培地で培養し、発育したコロニー数を数えることで算出する。

(注) 1 自然環境保全：自然探勝等の環境保全
　　 2 水産1級：マダイ、ブリ、ワカメ等の水産生物用及び水産2級の水産生物用
　　　　水産2級：ボラ、ノリ等の水産生物用
　　 3 環境保全：国民の日常生活（沿岸の遊歩等を含む。）において不快感を生じない限度

イ

項目＼類型	利用目的の適応性	基準値		該当水域
		全窒素	全燐	
I	自然環境保全及びII以下の欄に掲げるもの（水産2種及び3種を除く。）	0.2mg/L 以下	0.02mg/L 以下	第1の2の(2)により水域類型ごとに指定する水域
II	水産1種 水浴及びIII以下の欄に掲げるもの（水産2種及び3種を除く。）	0.3mg/L 以下	0.03mg/L 以下	
III	水産2種及びIV以下の欄に掲げるもの（水産3種を除く。）	0.6mg/L 以下	0.05mg/L 以下	
IV	水産3種 工業用水 生物生息環境保全	1mg/L 以下	0.09mg/L 以下	
測定方法		規格 45.4 又は 45.6 に定める方法	規格 46.3 に定める方法	

備考
1 基準値は、年間平均値とする。
2 水域類型の指定は、海洋植物プランクトンの著しい増殖を生ずるおそれがある海域について行うものとする。

(注) 1 自然環境保全：自然探勝等の環境保全
　　 2 水産1種：底生魚介類を含め多様な水産生物がバランス良く、かつ、安定して漁獲される
　　　　水産2種：一部の底生魚介類を除き、魚類を中心とした水産生物が多獲される
　　　　水産3種：汚濁に強い特定の水産生物が主に漁獲される
　　 3 生物生息環境保全：年間を通して底生生物が生息できる限度

ウ

項目＼類型	水生生物の生息状況の適応性	基準値			該当水域
		全亜鉛	ノニルフェノール	直鎖アルキルベンゼンスルホン酸及びその塩	
生物A	水生生物の生息する水域	0.02 mg/L 以下	0.001 mg/L 以下	0.01 mg/L 以下	第 1 の 2 の(2)により水域類型ごとに指定する水域
生物特A	生物Aの水域のうち、水生生物の産卵場（繁殖場）又は幼稚仔の生育場として特に保全が必要な水域	0.01 mg/L 以下	0.0007 mg/L 以下	0.006 mg/L 以下	
測定方法		規格 53 に定める方法	付表 11 に掲げる方法	付表 12 に掲げる方法	

エ

項目＼類型	水生生物が生息・再生産する場の適応性	基準値	該当水域
		底層溶存酸素量	
生物1	生息段階において貧酸素耐性の低い水生生物が生息できる場を保全・再生する水域又は再生産段階において貧酸素耐性の低い水生生物が再生産できる場を保全・再生する水域	4.0 mg/L 以上	第 1 の 2 の(2)により水域類型ごとに指定する水域
生物2	生息段階において貧酸素耐性の低い水生生物を除き、水生生物が生息できる場を保全・再生する水域又は再生産段階において貧酸素耐性の低い水生生物を除き、水生生物が再生産できる場を保全・再生する水域	3.0 mg/L 以上	
生物3	生息段階において貧酸素耐性の高い水生生物が生息できる場を保全・再生する水域、再生産段階において貧酸素耐性の高い水生生物が再生産できる場を保全・再生する水域又は無生物域を解消する水域	2.0 mg/L 以上	
測定方法		規格 32 に定める方法 又は付表 13 に掲げる方法	

備考
1　基準値は、日間平均値とする。
2　底面付近で溶存酸素量の変化が大きいことが想定される場合の採水には、横型のバンドン採水器を用いる。

付表（省略）

地下水の水質汚濁に係る環境基準について

　環境基本法（平成5年法律第91号）第16条の規定に基づく水質汚濁に
係る環境上の条件のうち、地下水の水質汚濁に係る環境基準について
次のとおり告示する。
　環境基本法第16条第1項による地下水の水質汚濁に係る環境上の条
件につき人の健康を保護する上で維持することが望ましい基準（以下
「環境基準」という。）及びその達成期間は、次のとおりとする。
第1　環境基準
　環境基準は、すべての地下水につき、別表の項目の欄に掲げる項目
ごとに、同表の基準値の欄に掲げるとおりとする。
第2　地下水の水質の測定方法等
　環境基準の達成状況を調査するため、地下水の水質の測定を行う場
合には、次の事項に留意することとする。
　⑴　測定方法は、別表の測定方法の欄に掲げるとおりとする。
　⑵　測定の実施は、別表の項目の欄に掲げる項目ごとに、地下水の
　　　流動状況等を勘案して、当該項目に係る地下水の水質汚濁の状況
　　　を的確に把握できると認められる場所において行うものとする。
第3　環境基準の達成期間
　環境基準は、設定後直ちに達成され、維持されるように努めるもの
とする（ただし、汚染が専ら自然的原因によることが明らかであると
認められる場合を除く。）。
第4　環境基準の見直し
　環境基準は、次により、適宜改定することとする。
　⑴　科学的な判断の向上に伴う基準値の変更及び環境上の条件とな
　　　る項目の追加等
　⑵　水質汚濁の状況、水質汚濁源の事情等の変化に伴う環境上の条
　　　件となる項目の追加等

別表

項目	基準値	測定方法
カドミウム	0.003 mg/L 以下	日本産業規格（以下「規格」という。）K 0102 の 55.2、55.3 又は 55.4 に定める方法
全シアン	検出されないこと。	規格 K 0102 の 38.1.2（規格 K 0102 の 38 の備考 11 を除く。以下同じ。）及び 38.2 に定める方法、規格 K 0102 の 38.1.2 及び 38.3 に定める方法、規格 K 0102 の 38.1.2 及び 38.5 に定める方法又は昭和 46 年 12 月環境庁告示第 59 号（水質汚濁に係る環境基準について）（以下「公共用水域告示」という。）付表 1 に掲げる方法
鉛	0.01 mg/L 以下	規格 K 0102 の 54 に定める方法
六価クロム	0.02 mg/L 以下	規格 K 0102 の 65.2（規格 K 0102 の 65.2.2 及び 65.2.7 を除く。）に定める方法（ただし、次の 1 から 3 までに掲げる場合にあっては、それぞれ 1 から 3 までに定めるところによる。） 1　規格 K 0102 の 65.2.1 に定める方法による場合　原則として光路長 50 mm の吸収セルを用いること。 2　規格 K 0102 の 65.2.3、65.2.4 又は 65.2.5 に定める方法による場合（規格 K 0102 の 65 の備考 11 の b）による場合に限る。）試料に、その濃度が基準値相当分（0.02 mg／L）増加するように六価クロム標準液を添加して添加回収率を求め、その値が 70 ～ 120% であることを確認すること。 3　規格 K 0102 の 65.2.6 に定める方法により塩分の濃度の高い試料を測定する場合　2 に定めるところによるほか、規格 K 0170-7 の 7 の a）又は b）に定める操作を行うこと。
砒素	0.01 mg/L 以下	規格 K 0102 の 61.2、61.3 又は 61.4 に定める方法
総水銀	0.0005 mg/L 以下	公共用水域告示付表 2 に掲げる方法
アルキル水銀	検出されないこと。	公共用水域告示付表 3 に掲げる方法
PCB	検出されないこと。	公共用水域告示付表 4 に掲げる方法
ジクロロメタン	0.02 mg/L 以下	規格 K 0125 の 5.1、5.2 又は 5.3.2 に定める方法
四塩化炭素	0.002 mg/L 以下	規格 K 0125 の 5.1、5.2、5.3.1、5.4.1 又は 5.5 に定める方法
クロロエチレン（別名塩化ビニル又は塩化ビニルモノマー）	0.002 mg/L 以下	付表に掲げる方法
1,2－ジクロロエタン	0.004 mg/L 以下	規格 K 0125 の 5.1、5.2、5.3.1 又は 5.3.2 に定める方法
1,1－ジクロロエチレン	0.1 mg/L 以下	規格 K 0125 の 5.1、5.2 又は 5.3.2 に定める方法
1,2－ジクロロエチレン	0.04 mg/L 以下	シス体にあっては規格 K 0125 の 5.1、5.2 又は 5.3.2 に定める方法、トランス体にあっては規格 K 0125 の 5.1、5.2 又は 5.3.1 に定める方法
1,1,1－トリクロロエタン	1 mg/L 以下	規格 K 0125 の 5.1、5.2、5.3.1、5.4.1 又は 5.5 に定める方法
1,1,2－トリクロロエタン	0.006 mg/L 以下	規格 K 0125 の 5.1、5.2、5.3.1、5.4.1 又は 5.5 に定める方法
トリクロロエチレン	0.01 mg/L 以下	規格 K 0125 の 5.1、5.2、5.3.1、5.4.1 又は 5.5 に定める方法
テトラクロロエチレン	0.01 mg/L 以下	規格 K 0125 の 5.1、5.2、5.3.1、5.4.1 又は 5.5 に定める方法
1,3－ジクロロプロペン	0.002 mg/L 以下	規格 K 0125 の 5.1、5.2 又は 5.3.1 に定める方法
チウラム	0.006 mg/L 以下	公共用水域告示付表 5 に掲げる方法
シマジン	0.003 mg/L 以下	公共用水域告示付表 6 の第 1 又は第 2 に掲げる方法
チオベンカルブ	0.02 mg/L 以下	公共用水域告示付表 6 の第 1 又は第 2 に掲げる方法
ベンゼン	0.01 mg/L 以下	規格 K 0125 の 5.1、5.2 又は 5.3.2 に定める方法
セレン	0.01 mg/L 以下	規格 K 0102 の 67.2、67.3 又は 67.4 に定める方法
硝酸性窒素及び亜硝酸性窒素	10 mg/L 以下	硝酸性窒素にあっては規格 K 0102 の 43.2.1、43.2.3、43.2.5 又は 43.2.6 に定める方法、亜硝酸性窒素にあっては規格 K 0102 の 43.1 に定める方法

ふっ素	0.8mg/L 以下	規格 K 0102 の 34.1（規格 K 0102 の 34 の備考 1 を除く。）若しくは 34.4（妨害となる物質としてハロゲン化合物又はハロゲン化水素が多量に含まれる試料を測定する場合にあっては、蒸留試薬溶液として、水約 200ml に硫酸 10ml、りん酸 60ml 及び塩化ナトリウム 10g を溶かした溶液とグリセリン 250ml を混合し、水を加えて 1,000ml としたものを用い、規格 K 0170-6 の 6 図 2 注記のアルミニウム溶液のラインを追加する。）に定める方法又は規格 K 0102 の 34.1.1 c）（注 (2) 第三文及び規格 K 0102 の 34 の備考 1 を除く。）に定める方法（懸濁物質及びイオンクロマトグラフ法で妨害となる物質が共存しないことを確認した場合にあっては、これを省略することができる。）及び公共用水域告示付表 7 に掲げる方法
ほう素	1mg/L 以下	規格 K 0102 の 47.1、47.3 又は 47.4 に定める方法
1,4‐ジオキサン	0.05mg/L 以下	公共用水域告示付表 8 に掲げる方法

備考　1　基準値は年間平均値とする。ただし、全シアンに係る基準値については、最高値とする。
　　　2　「検出されないこと」とは、測定方法の欄に掲げる方法により測定した場合において、その結果が当該方法の定量限界を下回ることをいう。
　　　3　硝酸性窒素及び亜硝酸性窒素の濃度は、規格 K0102 の 43.2.1、43.2.3、43.2.5 又は 43.2.6 により測定された硝酸イオンの濃度に換算係数 0.2259 を乗じたものと規格 K0102 の 43.1 により測定された亜硝酸イオンの濃度に換算係数 0.3045 を乗じたものの和とする。
　　　4　1,2‐ジクロロエチレンの濃度は、規格 K0125 の 5.1、5.2 又は 5.3.2 により測定されたシス体の濃度と規格 K0125 の 5.1、5.2 又は 5.3.1 により測定されたトランス体の濃度の和とする。

付表（省略）

公共用水域の水質汚濁に係る要監視項目と指針値

項目	指針値	項目	指針値
クロロホルム	0.06mg/L 以下	イプロベンホス（IBP）	0.008mg/L 以下
トランス -1,2- ジクロロエチレン	0.04mg/L 以下	クロルニトロフェン（CNP）	―
1,2- ジクロロプロパン	0.06mg/L 以下	トルエン	0.6mg/L 以下
p- ジクロロベンゼン	0.2mg/L 以下	キシレン	0.4mg/L 以下
イソキサチオン	0.008mg/L 以下	フタル酸ジエチルヘキシル	0.06mg/L 以下
ダイアジノン	0.005mg/L 以下	ニッケル	―
フェニトロチオン（MEP）	0.003mg/L 以下	モリブデン	0.07mg/L 以下
イソプロチオラン	0.04mg/L 以下	アンチモン	0.02mg/L 以下
オキシン銅（有機銅）	0.04mg/L 以下	塩化ビニルモノマー	0.002mg/L 以下
クロロタロニル（TPN）	0.05mg/L 以下	エピクロロヒドリン	0.0004mg/L 以下
プロピザミド	0.008mg/L 以下	全マンガン	0.2mg/L 以下
EPN	0.006mg/L 以下	ウラン	0.002mg/L 以下
ジクロルボス（DDVP）	0.008mg/L 以下	ペルフルオロオクタンスルホン酸（PFOS）及びペルフルオロオクタン酸（PFOA）	0.00005mg/L 以下（暫定）※
フェノブカルブ（BPMC）	0.03mg/L 以下		

※ PFOS 及び PFOA の指針値（暫定）については、PFOS 及び PFOA の合計値とする。

最終改正：令和 2 年 5 月 28 日（環境省水・大気環境局長通知：環水大水発第 2005281 号・環水大土発第 2005282 号）

地下水の水質汚濁に係る要監視項目と指針値

項目	指針値	項目	指針値
クロロホルム	0.06mg/L 以下	イプロベンホス（IBP）	0.008mg/L 以下
1,2- ジクロロプロパン	0.06mg/L 以下	クロルニトロフェン（CNP）	―
p- ジクロロベンゼン	0.2mg/L 以下	トルエン	0.6mg/L 以下
イソキサチオン	0.008mg/L 以下	キシレン	0.4mg/L 以下
ダイアジノン	0.005mg/L 以下	フタル酸ジエチルヘキシル	0.06mg/L 以下
フェニトロチオン（MEP）	0.003mg/L 以下	ニッケル	―
イソプロチオラン	0.04mg/L 以下	モリブデン	0.07mg/L 以下
オキシン銅（有機銅）	0.04mg/L 以下	アンチモン	0.02mg/L 以下
クロロタロニル（TPN）	0.05mg/L 以下	エピクロロヒドリン	0.0004mg/L 以下
プロピザミド	0.008mg/L 以下	全マンガン	0.2mg/L 以下
EPN	0.006mg/L 以下	ウラン	0.002mg/L 以下
ジクロルボス（DDVP）	0.008mg/L 以下	ペルフルオロオクタンスルホン酸（PFOS）及びペルフルオロオクタン酸（PFOA）	0.00005mg/L 以下（暫定）※
フェノブカルブ（BPMC）	0.03mg/L 以下		

※ PFOS 及び PFOA の指針値（暫定）については、PFOS 及び PFOA の合計値とする。

最終改正：令和 2 年 5 月 28 日（環境省水・大気環境局長通知：環水大水発第 2005281 号・環水大土発第 2005282 号）

水生生物の保全に係る要監視項目と指針値

項目	水域	類型	指針値
クロロホルム	河川及び湖沼	生物 A	0.7mg/L 以下
		生物特 A	0.006mg/L 以下
		生物 B	3mg/L 以下
		生物特 B	3mg/L 以下
	海域	生物 A	0.8mg/L 以下
		生物特 A	0.8mg/L 以下
フェノール	河川及び湖沼	生物 A	0.05mg/L 以下
		生物特 A	0.01mg/L 以下
		生物 B	0.08mg/L 以下
		生物特 B	0.01mg/L 以下
	海域	生物 A	2mg/L 以下
		生物特 A	0.2mg/L 以下
ホルムアルデヒド	河川及び湖沼	生物 A	1mg/L 以下
		生物特 A	1mg/L 以下
		生物 B	1mg/L 以下
		生物特 B	1mg/L 以下
	海域	生物 A	0.3mg/L 以下
		生物特 A	0.03mg/L 以下
4-t- オクチルフェノール	河川及び湖沼	生物 A	0.001mg/L 以下
		生物特 A	0.0007mg/L 以下
		生物 B	0.004mg/L 以下
		生物特 B	0.003mg/L 以下
	海域	生物 A	0.0009mg/L 以下
		生物特 A	0.0004mg/L 以下
アニリン	河川及び湖沼	生物 A	0.02mg/L 以下
		生物特 A	0.02mg/L 以下
		生物 B	0.02mg/L 以下
		生物特 B	0.02mg/L 以下
	海域	生物 A	0.1mg/L 以下
		生物特 A	0.1mg/L 以下
2,4- ジクロロフェノール	河川及び湖沼	生物 A	0.03mg/L 以下
		生物特 A	0.003mg/L 以下
		生物 B	0.03mg/L 以下
		生物特 B	0.02mg/L 以下
	海域	生物 A	0.02mg/L 以下
		生物特 A	0.01mg/L 以下

(注) 類型については「水質汚濁に係る環境基準について 別表 2 生活環境の保全に関する環境基準」の環境基準を
参照。
最終改正：平成 25 年 3 月 27 日（環境省水・大気環境局長通知：環水大水発第 1303272 号）

練習問題

問1　水質汚濁に係る環境基準に関する記述として，誤っているものはどれか。

(1)　人の健康の保護に関する環境基準は，全公共用水域につき，項目ごとに基準値が定められている。

(2)　生活環境の保全に関する環境基準は，各公共用水域につき，当該公共用水域が該当する水域類型ごとに，基準値が定められている。

(3)　人の健康の保護に関する環境基準については，設定後5年以内に達成され，維持されるように努めるものとする。

(4)　生活環境の保全に関する環境基準は，河川，湖沼(天然湖沼及び貯水量が1000万立方メートル以上であり，かつ，水の滞留時間が4日間以上である人工湖)及び海域について定められている。

(5)　公共用水域の水質汚濁に係る環境基準は，人の健康の保護及び生活環境の保全に関し定められている。

解説

　環境基準の達成義務は行政側にあります。そのため，環境基準が達成されていない場合は，行政側は環境基準を達成するために排水基準（後述の第2章2-4「排水基準」参照）を厳しくします。

　また，環境基準が達成されなくても罰則はありません。そのため，環境基準の達成期限に具体的な年数が明示されていることは少なく，年数が明示されているのは水質関係では「生活環境の保全に関する環境基準」だけで，さらに「現に著しい人口集中，大規模な工業開発等が進行している地域に係る水域で著しい水質汚濁が生じているものまたは生じつつあるものについては，5年以内に達成することを目途とする。」と限定的な条件が付いています（水質汚濁に係る環境基準第3「環境基準の達成期間等」参照）。

　(3)の「人の健康の保護に関する環境基準」は，人の健康被害を起こすおそれがあるという観点から，「設定後直ちに達成され，維持されるように努めるものとする。」と期限は定められていません。

正解 >> （3）

練習問題

問1 水質汚濁に係る人の健康の保護に関する環境基準に関する記述中，下線を付した箇所のうち，誤っているものはどれか。

1 基準値は年間平均値とする。ただし，全シアンに係る基準値については，最高値とする。
(1)　　　　　　　　　　　　　　　　　　　　　　　　　　　　　　　(2)

2 「検出されないこと」とは，測定方法の項に掲げる方法により測定した場合において，その結果が当該方法の定量限界を下回ることをいう。
　　　　　　　　　　　　　　　　　　　(3)　　　　　　(4)

3 湖沼については，ふっ素及びほう素の基準値は適用しない。
(5)

解説

本問は，「水質汚濁に係る環境基準について」（環境省告示）の「別表第1 人の健康の保護に関する環境基準」の備考がそのまま出題されています。この他に，「別表2　生活環境の保全に関する環境基準」の備考，「地下水の水質汚濁に係る環境基準について」の「別表」の備考も要注意です。

(5)の「ふっ素及びほう素の基準値を適用しない」のは「海域」なので、「湖沼」は誤りです。したがって、(5)が正解になります。

POINT

水質関係の環境基準に関する問題は、公害総論と水質概論の両方で出題されます。環境基準値の種類と決め方の特徴、目標達成期間について記憶しておくことが望ましいです。特に、環境基準が記載された別表等の下部に記載されている備考で、例外的に決められていることなど、他とは違うことがよく出題されていますので要注意です。

正解 >> （5）

練習問題

問5　水質環境基準に関する記述として，正しいものはどれか。

(1) 人の健康の保護に関する項目として，全クロムが定められている。

(2) 生活環境の保全に関する項目として，アルキル水銀が定められている。

(3) 水生生物の保全に係る項目として，全カドミウムが定められている。

(4) 人の健康の保護に関する項目として，全亜鉛が定められている。

(5) 地下水に係る水質環境基準として，塩化ビニルモノマーが定められている。

解　説

水質環境基準には、公共用水域に係るものと地下水に係るものがあります。

公共用水域に係るものには、「人の健康の保護に関する項目」（以下、健康項目）と「生活環境の保全に関する項目」（以下、生活環境項目）があります。

本問は誤っているものではなく、正しいものはどれかと問われていますので注意してください。

(1) 健康項目に設定されているのは全クロムではなく六価クロムです。全クロムは水質汚濁防止法の排水基準（生活環境項目）として設定されています。クロムは価数で有害性が変わる物質です。水質汚濁防止法では、毒性の強い六価クロムは有害物質に、三価クロムを含む全クロムは生活環境項目に定められています（後述の第 2 章 2-4「排水基準」参照）。

(2) アルキル水銀は生活環境項目ではなく、健康項目として設定されています。

(3) 水生生物の保全に係る項目として全カドミウムは設定されていません。全亜鉛が設定されています。

(4) 上の(3)に示したように、全亜鉛は水生生物の保全に係る項目であり、健康項目ではありません。

(5) 地下水に係る水質環境基準には、塩化ビニルモノマーが定められています。なお、塩化ビニルモノマーという項目名は、2017（平成 29）年 4 月施行で「クロロエチレン（別名塩化ビニル又は塩化ビニルモノマー）」に名称が変更されました。

| POINT ▶

　本問は環境基準として設定されている項目すべてを記憶しておけば正解できますが、すべてを記憶するのは困難であり効率的ではありません。

　記憶する際には、公共用水域と地下水で異なる項目、過去に健康被害が生じた物質（公害問題を引き起こした物質）、近年に基準値が改正された項目、名称や物性が似た物質を中心に記憶しておくとよいでしょう。

正解 >> （5）

練習問題

問10　水生生物の保全に係る水質環境基準に関する記述として，誤っているものはどれか。

(1) 環境基準値は，内外の毒性評価に係る文献を参考に，専門家による総合的な検証を経て導出された。

(2) 環境基準項目は，現時点で全亜鉛，ノニルフェノール，直鎖アルキルベンゼンスルホン酸及びその塩の3項目である。

(3) 要監視項目は，現時点でクロロホルム，トルエン，フタル酸ジエチルヘキシルの3項目である。

(4) 要監視項目の指針値は，海域と河川及び湖沼の水域別に定められている。

(5) 環境基準値は，水域の水温，産卵・繁殖又は幼稚仔の生育場等の水生生物の生息状況の適応性に応じた類型に分けて設定されている。

解　説

　水生生物の保全に係る要監視項目は，「水質汚濁に係る環境基準についての一部を改正する件の施行等について」（環水大水発第1303272号平成25年3月27日）の通知により、4-t-オクチルフェノール、アニリン及び2,4-ジクロロフェノールの3項目が追加され、それまでのクロロホルム、フェノール、ホルムアルデヒドを加えて6項目となっています。したがって、(3)が正解です。

　なお、2016（平成28）年3月30日付で「生活環境の保全に関する環境基準」として「水生生物が生息・再生産する場の適応性」について「底層溶存酸素量」が湖沼と海域に新たに設定されました。

POINT

　要監視項目の項目名を記憶しておくのはなかなか大変なことですが、本問の出題の意図は項目名を記憶しておくことではなく、要監視項目に3項目が追加されて6項目になったことと考えられます。したがって、過去数年以内の法律、基準等の制定や改正については出題される可能性が高いと考えておきましょう。

正解 >> （3）

練習問題

問1　地下水の水質汚濁に係る環境基準に関する記述として，誤っているものはどれか。

(1) 地下水の水質汚濁に係る環境基準は，環境基本法第16条第1項による地下水の水質汚濁に係る環境上の条件につき人の健康を保護する上で維持することが望ましい基準である。

(2) 地下水の水質の測定の実施は，環境基準の項目ごとに，地下水の流動状況等を勘案して，当該項目に係る地下水の水質汚濁の状況を的確に把握できると認められる場所において行う。

(3) 環境基準は，設定後可及的速やかにその達成維持を図るものとする（ただし，汚染が専ら社会的原因によることが明らかであると認められる場合を除く。）。

(4) 環境基準は，科学的な判断の向上に伴う基準値の変更及び環境上の条件となる項目の追加等により，適宜改定することとする。

(5) 環境基準は，水質汚濁の状況，水質汚濁源の事情等の変化に伴う環境上の条件となる項目の追加等により，適宜改定することとする。

解　説

(3)は「地下水の水質汚濁に係る環境基準について」（告示）の「第3　環境基準の達成期間」のただし書からの出題です。「社会的原因」は誤りで、正しくは「自然的原因」です。

POINT

環境基準については、「備考」や「ただし書」からよく出題されています。特に「唯一のもの」「他と異なるもの」「除外されるもの」については必ず記憶しておく必要があります。

また、法令の用語については、同じ趣旨であっても、条文、通知等に記載されている文言と一字でも違えば誤りの記述になることを肝に銘じ、正確に記憶しておきましょう。

本問については、「社会的原因」すなわち「人の活動によって生じた汚染」を環

境基準の対象外とすることは、「事業活動で地下水汚染をしてもかまいません」という意味になってしまうので、このただし書を記憶していなくても、一般的な文脈から考えて(3)が誤りの記述であることがわかります。

正解 >> （3）

練習問題

問1　水質汚濁に係る環境基準における公共用水域の水質の測定方法等に関する記述中，下線を付した箇所のうち，誤っているものはどれか。

　　測定の実施は，人の健康の保護に関する環境基準の関係項目については，公共用水域の渇水期を除き₍₁₎　随時₍₂₎，生活環境の保全に関する環境基準の関係項目については，公共用水域が通常の状態₍₃₎（河川にあっては低水量以上の流量がある場合₍₄₎，湖沼にあっては低水位以上の水位にある場合₍₅₎等をいうものとする。）の下にある場合に，それぞれ適宜行なうこととする。

| 解　説 |

本問は「水質汚濁に係る環境基準について」の「第2　公共用水域の水質の測定方法等」の(2)の規定の出題です。

　測定の実施は、人の健康の保護に関する環境基準の関係項目については、公共用水域の₍₁₎水量の如何を問わずに₍₂₎随時、生活環境の保全に関する環境基準の関係項目については、公共用水域が₍₃₎通常の状態（河川にあっては₍₄₎低水量以上の流量がある場合、湖沼にあっては₍₅₎低水位以上の水位にある場合等をいうものとする。）の下にある場合に、それぞれ適宜行うこととする。

したがって、(1)は下線部(1)の記述より「水量の如何を問わずに」が正しく「渇水期を除き」は誤りです。

| POINT |

通常、環境基準の定義や規定についての問題は公害総論で出題されていますが、規制内容についての問題は水質概論でほぼ毎年出題されています。「人の健康の保護に関する物質（いわゆる有害物質）」は、工場等から排出され、公共用水域（川、湖・沼、海）に流れ込んだところで希釈されます。よって、基本的には排水基準は環境基準の10倍の濃度で設定されています。渇水期においては、公共用水域の水量が減少していますので、排出基準を守った排出水が排出されていても、希釈用の

水量が相対的に少なくなっていますので、公共用水域の汚染物質濃度は上昇することになり、健康被害のリスクが上がります。「渇水期には環境基準が守られなくて健康被害が起きてもしかたがない」ということはありませんので、(1)が誤りということは容易に判断できます。

正解 >> （1）

練習問題

問9　人の健康の保護に関する水質環境基準に関する記述として、誤っているものはどれか。

(1)　基準値は、全シアンを除いて、年間最高値とする。

(2)　基準値が「検出されないこと」となっている項目は、全シアン、アルキル水銀、PCBの3項目である。

(3)　「検出されないこと」とは、指定された測定方法の定量限界を下回ることをいう。

(4)　海域については、ふっ素及びほう素の基準値は適用しない。

(5)　クロムに関しては、六価クロムに係る基準値が定められている。

解説

　環境基準（健康項目）の基準値は、基本は年間平均値です。「全シアン」だけが測定値の中の年間最高値となっています。したがって、(1)が正解です。

POINT

　水質汚濁に係る環境基準（公共用水域）については、健康項目は全国一律の基準値が定められ、生活環境項目は水域類型ごとに基準値が定められていること、達成期間、一覧表（水質汚濁に係る環境基準別表1）に備考として記載されている基準値に関する注記などがよく出題されます。特に本問の5つの選択肢の内容は必ず記憶しておきましょう。

　なお、環境基準では、(2)の3項目が「検出されないこと」となっていますが、水質汚濁防止法に定める排水基準では「アルキル水銀」だけであること、及び「シアン化合物」の排水基準は「1mg/L」とほかの物質に比べ緩い基準値が設定されていることを記憶しておきましょう（後述の第2章2-4「排水基準」参照）。

正解 >> （1）

35

練習問題

問10　公共用水域及び地下水の環境基準に関する記述として，誤っているものはどれか。

(1)　公共用水域の人の健康の保護に関する環境基準については，カドミウム等の項目に基準値が定められている。

(2)　生活環境の保全に関する環境基準については，全公共用水域一律に基準値が定められている。

(3)　地下水の水質汚濁に係る環境基準項目には，公共用水域の人の健康の保護に関する環境基準項目と異なるものがある。

(4)　水生生物の保全に係る水質環境基準については，全亜鉛，ノニルフェノール，直鎖アルキルベンゼンスルホン酸及びその塩の3項目に基準値が定められている。

(5)　人の健康の保護に関連して，クロロホルム等が公共用水域の水質汚濁に係る要監視項目として定められている。

解説

　公共用水域の生活環境の保全に関する環境基準（生活環境項目）は、水域の利用目的の適応性又は水生生物の生息状況の適応性に応じて、水域類型ごとに環境基準が定められていますので、(2)の「公共用水域一律に基準値が定められている」が誤りです。

　なお、前述の練習問題（平成28・問10）に記したように、「生活環境の保全に関する環境基準」として「水生生物が生息・再生産する場の適応性」について「底層溶存酸素量」が湖沼と海域に新たに設定されました。

POINT

　公共用水域の生活環境の保全に関する環境基準の一覧表（水質汚濁に係る環境基準別表2参照）を一度でも目にしていれば、表の長さ、水域類型ごとの細かな基準値設定に驚いたはずなので、(2)が誤りの記述だとすぐに気付くと思います。

　「人の健康の保護に関する環境基準」（健康項目）は、人の健康被害を防ぐための基準なので、地域によって基準値が異なることは考えにくく、また、ほぼ同様の項

目が設定されている地下水の水質汚濁に係る環境基準も同じように考えられます。

しかしながら生活環境項目は、例えば、自然豊かな川の上流の水質と工場が建ち並ぶ河口付近の水質を同じにすることは現実的ではなく、また、技術的にも著しく困難です。すなわち、水の用途、利用目的に応じて水質を確保すればよいはずです。このことに気付けば、環境基準の一覧表をみていなくても正解にたどり着きます。

正解 >> （2）

練習問題

問1　水質汚濁防止法に規定する総量規制基準に関する記述中，下線を付した箇所のうち，誤っているものはどれか。

法第4条の5第1項の総量規制基準は，化学的酸素要求量については次に掲げる算式により定めるものとする。

$$Lc = Cc \cdot Qc \times 10^{-3}$$

この式において，Lc，Cc 及び Qc は，それぞれ次の値を表すものとする。

Lc　排出が許容される汚濁負荷量（単位　1日につきキログラム）

Cc　都道府県知事が定める一定の化学的酸素要求量（単位　1リットルにつきミリグラム）
$_{(1)}$

Qc　特定排出水（排出水のうち，特定事業場において事業活動その他の人
$_{(2)}$　　　　　　　　　　　　$_{(3)}$
の活動に使用された水であって，専ら冷却用，洗浄用その他の用途でそ
　　　　　　　　　　　　　　　$_{(4)}$　　　$_{(5)}$
の用途に供することにより汚濁負荷量が増加しないものに供された水以
外のものをいう。）の量（単位　1日につき立方メートル）

│ 解　説 ▶

　本問に引用されている条文は、法律→施行令→施行規則の法律構成の中で細かな規制が書かれている水質汚濁防止法施行規則第1条の5からの出題です。重箱の隅をつつくような出題ですが、我慢して問題文を読み進めると、矛盾点が見えてきて、「(5)洗浄用」が誤りと容易に判断できるサービス問題です。なぜならば、「洗浄用の水」であれば「汚濁物質を洗い流す水」のことなので、直後の「汚濁負荷量が増加しないものに供された水以外のものをいう。」という説明に該当しないので誤りと容易に判断できます。

　確認のため、水質汚濁防止法施行規則第1条の5（総量規制基準）を眺めておくとよいでしょう。

| POINT >

　試験問題では、一見、重箱の隅をつつくような出題がされていても、出題の趣旨は細かな事項の記憶ではなく、本問のように用語の意味、定義をきちんと記憶していれば、正解を論理的にみつけることができます。

<u>正解 >> （5）</u>

第 2 章

水質汚濁防止法

2-1 目的

ここでは水質汚濁防止法の目的について解説します。ほとんどの法律では第1条にその法律の目的が定められています。水質汚濁防止法が、何を目的としてどんな規制や対策が定められた法律なのかを理解しておきましょう。

■1 目的

水質汚濁防止法※は、以前の水質保全法体系を抜本的に改善する排水規制法として、1970（昭和45）年12月に制定され、翌年の6月24日に施行されました。

水質汚濁防止法第1条は次のように規定されています。法律の枠組みを理解する上で重要であり、国家試験でも第1条が出題されたこともありますので、条文すべてを記憶しておくことをおすすめします。

> （目的）
> 第1条　この法律は、工場及び事業場から公共用水域に排出される水の排出及び地下に浸透する水の浸透を規制するとともに、生活排水対策の実施を推進すること等によって、公共用水域及び地下水の水質の汚濁（水質以外の水の状態が悪化することを含む。以下同じ。）の防止を図り、もって国民の健康を保護するとともに生活環境を保全し、並びに工場及び事業場から排出される汚水及び廃液に関して人の健康に係る被害が生じた場合における事業者の損害賠償の責任について定めることにより、被害者の保護を図ることを目的とする。

第1条を要約すると、この法律は、

①**工場及び事業場から公共用水域に排出される水**の排出を規制すること

②**地下に浸透する水**の浸透を規制すること

③**生活排水対策**の実施を推進すること

等により、公共用水域及び地下水の水質の汚濁の防止を図り、

※：水質汚濁防止法
水質汚濁防止法制定前の旧水質二法による規制は、国が指定した地域においてのみの規制であったこと、排水基準の遵守のための規制が不十分であったことなどから昭和45年に同法は廃止され、全国的な一律規制及び直罰を導入した「水質汚濁防止法」が成立した。（水質汚濁防止法（昭和45年法律第138号））

国民の健康を保護するとともに、生活環境を保全することを目的としています。

　さらに、工場等から排出される汚水や廃棄によって被害が生じた場合の**損害賠償**の責任について定められています。

2 水質汚濁防止法の概要

　環境基準を達成することを目標に、水質汚濁防止法では**排水規制、地下浸透規制**について定められています。

　工場・事業場から排出される水や地下に浸透させる水について、基準を設けてそれに適合しない水の排出や浸透を禁止し、違反者に対しては罰則が定められています。

　また、事業者に必要な措置を事前に講じさせるために、特定施設等の施設を定め、それらの施設を新たに設置又は構造等の変更をしようとする者は、あらかじめ都道府県知事等に所定の事項を届け出なければならないことになっています。

　そのほか、排出水等の測定・記録・保存や、事故時の措置などについても定められています。

　なお、生活排水対策については、国・地方公共団体や国民が主として実施を推進するものです。したがって、事業者には関係が薄く、国家試験での出題頻度も極めて低いため、本書では解説を割愛します。

☑ ポイント

①水質汚濁防止法の目標は、環境基準を達成すること。
②「公共用水域に排出される水」と「地下に浸透する水」を規制。
③事業者に施設の設置の届出や、排出水等の測定・記録・保存を義務付けている。

練習問題

平成28・問2

問2 水質汚濁防止法の目的に関する記述中，(ア)～(エ)の ☐ の中に挿入すべき語句の組合せとして，正しいものはどれか。

この法律は，工場及び事業場から公共用水域に排出される水の排出及び地下に浸透する (ア) を規制するとともに， (イ) 対策の実施を推進すること等によって，公共用水域及び (ウ) の水質の汚濁（水質以外の水の状態が悪化することを含む。以下同じ。）の防止を図り，もって国民の健康を保護するとともに生活環境を保全し，並びに工場及び事業場から排出される汚水及び廃液に関して人の健康に係る被害が生じた場合における事業者の (エ) について定めることにより，被害者の保護を図ることを目的とする。

	(ア)	(イ)	(ウ)	(エ)
(1)	水の浸透	産業廃水	河川	措置
(2)	水の浸透	生活排水	地下水	損害賠償の責任
(3)	特定物質	産業廃水	地下水	措置
(4)	水の浸透	生活排水	河川	損害賠償の責任
(5)	特定物質	産業廃水	地下水	損害賠償の責任

解説

水質汚濁防止法第1条の条文がそのまま出題されています。

正しい語句の組合せは(2)です。

POINT

水質汚濁防止法の目的（第1条）についての出題は平成28年度が初めてでした。このような条文中の語句の正誤を問うタイプの問題は、一読すると誤りと思えない似た意味の語句が組み合わされているため、過去によく出題されている条文は正確に丸暗記しておくことをおすすめします。

しかし本問は、選択肢に挙げられた各語句の組合せからも正解が類推できます。

まず（イ）に注目し、産業排水の規制について定めている水質汚濁防止法のイメージから、（イ）に「産業廃水」が入ると考えたとします。このとき(1)の場合、（ウ）は「河川」となっていますが、公共用水域に含まれる「河川」はここには入らないことがわかります（次項 2-2「定義」参照）。(3)(5)の場合は（ア）が「特定物質」となっていますが、水質汚濁防止法では「特定物質」という用語が使われていないことに気付けば誤りとわかります。したがって（イ）には「産業廃水」ではなく、「生活排水」が入ることがわかります。「生活排水」を含む選択肢は(2)もしくは(4)ですが、(4)については前述のように（ウ）が「河川」となっていることから誤りとわかるので、(2)が正解ということになります。

　以上のように、消去法で選択肢を絞り込み正解にたどり着ける問題もありますので、条文を丸暗記していなくてもあきらめず、自身の持つ知識を活用しながら解答に取り組むことをおすすめします。

正解 >> （2）

2-2 定義

これより順を追って排水規制と地下浸透規制について説明していきます。
ここでは水質汚濁防止法で使われる用語の「定義」について解説します。

よく
出る！

1 定義

水質汚濁防止法の第2条ではこの法律で使用される用語が定義されています。国家試験では条文がそのまま出題されることが多いので、条文ごと覚えておくことをおすすめします。特に下線部分は法律を読み解く上でも重要ですのでよく理解しておきましょう。

（定義）

第2条　この法律において「公共用水域」とは、河川、湖沼、港湾、沿岸海域その他公共の用に供される水域及びこれに接続する公共溝渠（こうきょ）、かんがい用水路その他公共の用に供される水路（下水道法（昭和33年法律第79号）第2条第3号及び第4号に規定する公共下水道及び流域下水道であって、同条第6号に規定する終末処理場を設置しているもの（その流域下水道に接続する公共下水道を含む。）を除く。）をいう。

2　この法律において「特定施設」とは、次の各号のいずれかの要件を備える汚水又は廃液を排出する施設で政令※で定めるものをいう。

　一　カドミウムその他の人の健康に係る被害を生ずるおそれがある物質として政令※で定める物質（以下「有害物質」という。）を含むこと。

　二　化学的酸素要求量その他の水の汚染状態（熱によるものを含み、前号に規定する物質によるものを除く。）を示す項目として政令※で定める項目に関し、生活環境に係る被害を生ずるおそれがある程度のものであること。

3　この法律において「指定地域特定施設」とは、第4条の2第1項に規定する指定水域の水質にとって前項第2号に規定する程度の汚水又は廃液を排出する施設として政令※で定める施設で同条第1項に規定する指定地域に設置されるものをいう。

※：政令
ここでは水質汚濁防止法施行令（昭和46年政令第188号）のこと。法律よりも具体的な事項を政令（内閣が制定する命令。例：施行令）、省令（所管大臣が制定する命令。例：施行規則）で定める。

4　この法律において「指定施設」とは、有害物質を貯蔵し、若しくは使用し、又は有害物質及び次項に規定する油以外の物質であって公共用水域に多量に排出されることにより人の健康若しくは生活環境に係る被害を生ずるおそれがある物質として政令※で定めるもの（第14条の2第2項において「指定物質」という。）を製造し、貯蔵し、使用し、若しくは処理する施設をいう。

5　この法律において「貯油施設等」とは、重油その他の政令※で定める油（以下単に「油」という。）を貯蔵し、又は油を含む水を処理する施設で政令※で定めるものをいう。

6　この法律において「排出水」とは、特定施設（指定地域特定施設を含む。以下同じ。）を設置する工場又は事業場（以下「特定事業場」という。）から公共用水域に排出される水をいう。

7　この法律において「汚水等」とは、特定施設から排出される汚水又は廃液をいう。

8　この法律において「特定地下浸透水」とは、有害物質を、その施設において製造し、使用し、又は処理する特定施設（指定地域特定施設を除く。以下「有害物質使用特定施設」という。）を設置する特定事業場（以下「有害物質使用特定事業場」という。）から地下に浸透する水で有害物質使用特定施設に係る汚水等（これを処理したものを含む。）を含むものをいう。

9　この法律において「生活排水」とは、炊事、洗濯、入浴等人の生活に伴い公共用水域に排出される水（排出水を除く。）をいう。

●公共用水域とは

前述の第1条の目的に定められているように、水質汚濁防止法は「**公共用水域**に排出される水の排出」を規制しています。法第2条第1項※では「**公共用水域**※」について定義されています。

要約すると、公共用水域とは、①**河川**、②**湖沼**、③**港湾**、④**沿岸海域**、⑤**公共水域**、⑥**公共溝渠**、⑦**かんがい用水路**、⑧**公共水路**のことです。

ただし、下水道法に規定される「**公共下水道及び流域下水道※であって終末処理場を設置しているもの**」は公共用水域から**除外**されます。

そのほかの定義された用語については、以降に順を追って説明していきます。

※：第1項
条文には項番号として「1」とは記載されていないが、該当の箇所を指す場合は「第2条第1項」と表記する。

※：公共用水域
川、湖沼、海を指し、また、これらに水が流入する水路、導管も全て含まれる。

※：公共下水道及び流域下水道
公共下水道及び流域下水道であって終末処理場を有するものは公共用水域に含まれないため、公共下水道等に水を排除する工場、事業場には水質汚濁防止法による規制は及ばず、下水道法による規制がかかることになる。下水道終末処理施設は、水質汚濁防止法に規定する特定施設のひとつとして位置付けられ、排出水の規制対象とされている（水質汚濁防止法施行令別表第1の第73号（後述の2-3「特定施設」表3参照））。

練習問題

問2 水質汚濁防止法に規定する定義に関する記述中，(ア)～(エ)の □□□ の中に挿入すべき語句の組合せとして，正しいものはどれか。

この法律において「公共用水域」とは，河川，湖沼，港湾，□(ア)□ その他公共の用に供される水域及びこれに接続する □(イ)□ ，かんがい用水路その他公共の用に供される水路(下水道法(昭和33年法律第79号)第2条第3号及び第4号に規定する公共下水道及び流域下水道であって，同条第6号に規定する □(ウ)□ を設置しているもの(その流域下水道に接続する公共下水道を含む。)を □(エ)□ 。)をいう。

	(ア)	(イ)	(ウ)	(エ)
(1)	沿岸海域	公共溝渠	終末処理場	含む
(2)	海浜	公共溝渠	し尿処理場	含む
(3)	沿岸海域	公有水面	終末処理場	除く
(4)	沿岸海域	公共溝渠	終末処理場	除く
(5)	海浜	公有水面	し尿処理場	除く

解説

水質汚濁防止法第2条第1項で定義されている公共用水域についての出題です。正しい語句の組合せは(4)です。

POINT

2-4「排水基準」で後述しますが、水質汚濁防止法の排水基準は、水質汚濁防止法施行令別表第1（2-3「特定施設」表3参照）に掲げる特定施設が設置されている工場・事業場（特定事業場）の排水口から公共用水域に排出される水（排出水）について適用されます。したがって、公害防止管理者を目指す者にとって遵法の判断基準となる事項なので、公共用水域の定義は当然知っておかなければならない知識といえます。

すなわち、公共用水域とは、単に「川」「湖・沼」「海」を指すのではなく、これ

らに水が流入する水路、導管もすべて含まれることを知っておくべきです。

　なお、特定施設が設置されている事業場の場合は、雨水や事務所の厨房排水にも、排水口において排水基準が適用されます。逆に、特定施設に該当する設備がない場合は、どんな物質をいくら排出しても水質汚濁防止法上の排水基準違反にはなりません（もちろん被害が生じれば民法など他の法律で違反と判断されることはあり得ます）。

正解 >> （4）

2-3 特定施設

　ここでは水質汚濁防止法に規定される「特定施設」について解説します。公害防止管理者等を選任しなければならない施設(第3章参照)とも関連しますので、しっかりと理解しておきましょう。

1 特定施設とは

　特定施設は水質汚濁防止法第2条第2項で定義されていました。国家試験では特に重要な用語なので再度条文を引用します。

> (定義)
> 第2条(中略)
> 2 この法律において「特定施設」とは、次の各号のいずれかの要件を備える汚水又は廃液を排出する施設で政令で定めるものをいう。
> 　一 カドミウムその他の人の健康に係る被害を生ずるおそれがある物質として政令で定める物質※(以下「有害物質」という。)を含むこと。
> 　二 化学的酸素要求量その他の水の汚染状態(熱によるものを含み、前号に規定する物質によるものを除く。)を示す項目として政令で定める項目※に関し、生活環境に係る被害を生ずるおそれがある程度のものであること。

※:政令で定める物質
(有害物質)
水質汚濁防止法施行令第2条第1号～第28号に掲げられている。具体的な物質名は表1のとおり。

※:政令で定める項目
(生活環境項目)
水質汚濁防止法施行令第3条第1号～第12号に掲げられている。一般に「生活環境項目」と呼ばれる。具体的な項目名は表2のとおり。

　要約すると、特定施設とは、カドミウムなどの**有害物質**、又は**化学的酸素要求量などの項目**を含む汚水等を**排出する施設**のことです。有害物質を表1、化学的酸素要求量などの項目を表2に示します。

　特定施設が設置されている工場又は事業場を「**特定事業場**」といい(法第2条第8項)、特定事業場からの**排出水は規制され**、また、特定施設を設置するには**都道府県知事等への届出**が必要になります。

　条文では特定施設は**政令**で定めるものとされています。これは**水質汚濁防止法施行令**第2条で定められ、別表第1に特定施

表1　有害物質（水質汚濁防止法施行令第2条）

号	物質名
1	カドミウム及びその化合物
2	シアン化合物
3	有機りん化合物（ジエチルパラニトロフェニルチオホスフェイト（別名パラチオン）、ジメチルパラニトロフェニルチオホスフェイト（別名メチルパラチオン）、ジメチルエチルメルカプトエチルチオホスフェイト（別名メチルジメトン）及びエチルパラニトロフェニルチオノベンゼンホスホネイト（別名 EPN）に限る。）
4	鉛及びその化合物
5	六価クロム化合物
6	ひ素及びその化合物
7	水銀及びアルキル水銀その他の水銀化合物
8	ポリ塩化ビフェニル
9	トリクロロエチレン
10	テトラクロロエチレン
11	ジクロロメタン
12	四塩化炭素
13	1,2- ジクロロエタン
14	1,1- ジクロロエチレン
15	1,2- ジクロロエチレン
16	1,1,1- トリクロロエタン
17	1,1,2- トリクロロエタン
18	1,3- ジクロロプロペン
19	テトラメチルチウラムジスルフイド（別名チウラム）
20	2- クロロ -4,6- ビス（エチルアミノ）-s- トリアジン（別名シマジン）
21	S-4- クロロベンジル =N,N- ジエチルチオカルバマート（別名チオベンカルブ）
22	ベンゼン
23	セレン及びその化合物
24	ほう素及びその化合物
25	ふっ素及びその化合物
26	アンモニア、アンモニウム化合物、亜硝酸化合物及び硝酸化合物
27	塩化ビニルモノマー
28	1,4- ジオキサン

表2 生活環境項目(水質汚濁防止法施行令第3条)

号	物質名
1	水素イオン濃度
2	生物化学的酸素要求量及び化学的酸素要求量
3	浮遊物質量
4	ノルマルヘキサン抽出物質含有量
5	フェノール類含有量
6	銅含有量
7	亜鉛含有量
8	溶解性鉄含有量
9	溶解性マンガン含有量
10	クロム含有量
11	大腸菌群数
12	窒素又はりんの含有量

設が掲げられています(表3)。かなり数が多いですが、国家試験では特定施設に該当するかどうかを問う問題がよく出題されますので、全体に目を通しておくことをおすすめします。

　なお、詳しくは第3章で説明しますが、公害防止管理者を選任しなければならない施設は、水質汚濁防止法に定める特定施設の一部の施設です。表3の右欄(管理者法)は、それぞれの特定施設が公害防止管理者を選任しなければならない施設かどうかを示したものです。

　国家試験では、公害防止管理者を選任しなければならない施設(「汚水等排出施設」という)に該当するかどうかもよく問われますので、あわせて目を通しておきましょう。

✅ ポイント

①特定施設とは、有害物質又は生活環境項目が含まれる水を排出する施設。

②特定施設と汚水等排出施設(公害防止管理者法)の関係を理解する。

③表2の生活環境項目を項目数でみると、2号は生物化学的酸素要求量(BOD)と化学的酸素要求量(COD)の2項目、4号は鉱油類と動植物油脂類の2項目、12号は窒素(N)とりん(P)の2項目あるので項目(物質)数でみると15項目となる。

表3　水質汚濁防止法の特定施設と管理者法の資格の関係

＊網かけの施設が管理者法の規制対象施設（汚水等排出施設）

水質汚濁防止法		管理者法		
		総排出水量別選任すべき管理者		
施行令別表1	施設の区分	1万m³/日以上	1万～1千m³/日	1千m³/日未満
1	鉱業又は水洗炭業用施設で，次に掲げるもの 　イ　選鉱施設，ロ　選炭施設，ハ　坑水中和沈でん施設， 　ニ　掘削用の泥水分離施設	管理者法上は適用外		
1の2	畜産農業又はサービス業用施設で，次に掲げるもの 　イ　豚房施設（豚房の総面積が50平方メートル未満の事業場に係るものを除く。） 　ロ　牛房施設（牛房の総面積が200平方メートル未満の事業場に係るものを除く。） 　ハ　馬房施設（馬房の総面積が500平方メートル未満の事業場に係るものを除く。）			
2	畜産食料品製造業用施設で，次に掲げるもの 　イ　原料処理施設，ロ　洗浄施設（洗びん施設を含む。），ハ　湯煮施設	水質1，3種	水質1～4種	管理者法上は適用外
3	水産食料品製造業用施設で，次に掲げるもの 　イ　水産動物原料処理施設，ロ　洗浄施設，ハ　脱水施設，ニ　ろ過施設，ホ　湯煮施設			
4	野菜又は果実を原料とする保存食料品製造業用施設で，次に掲げるもの 　イ　原料処理施設，ロ　洗浄施設，ハ　圧搾施設，ニ　湯煮施設			
5	みそ，しょう油，食用アミノ酸，グルタミン酸ソーダ，ソース又は食酢の製造業用施設であって，次に掲げるもの 　イ　原料処理施設，ロ　洗浄施設，ハ　湯煮施設，ニ　濃縮施設，ホ　精製施設， 　ヘ　ろ過施設			
6	小麦粉製造業の用に供する洗浄施設			
7	砂糖製造業用施設で，次に掲げるもの 　イ　原料処理施設，ロ　洗浄施設（流送施設を含む。），ハ　ろ過施設，ニ　分離施設， 　ホ　精製施設			
8	パン若しくは菓子の製造業又は製あん業用粗製あんの沈でんそう			
9	米菓製造業又はこうじ製造業用洗米機			
10	飲料製造業用施設で，次に掲げるもの 　イ　原料処理施設，ロ　洗浄施設（洗びん施設を含む。），ハ　搾汁施設，ニ　ろ過施設，ホ　湯煮施設，ヘ　蒸留施設			
11	動物系飼料又は有機質肥料の製造業用施設で，次に掲げるもの 　イ　原料処理施設，ロ　洗浄施設，ハ　圧搾施設，ニ　真空濃縮施設， 　ホ　水洗式脱臭施設			
12	動植物油脂製造業用施設で，次に掲げるもの 　イ　原料処理施設，ロ　洗浄施設，ハ　圧搾施設，ニ　分離施設			
13	イースト製造業用施設で，次に掲げるもの 　イ　原料処理施設，ロ　洗浄施設，ハ　分離施設			
14	でん粉又は化工でん粉の製造用施設で，次に掲げるもの 　イ　原料浸せき施設，ロ　洗浄施設（流送施設を含む。），ハ　分離施設，ニ　渋だめ及びこれに類する施設			
15	ぶどう糖又は水あめの製造業用施設で，次に掲げるもの 　イ　原料処理施設，ロ　ろ過施設，ハ　精製施設			
16	麺類製造業用湯煮施設			
17	豆腐又は煮豆の製造業用湯煮施設			
18	インスタントコーヒー製造業用抽出施設			
18の2	冷凍調理食品製造業用施設で，次に掲げるもの 　イ　原料処理施設，ロ　湯煮施設，ハ　洗浄施設			
18の3	たばこ製造業用施設で，次に掲げるもの 　イ　水洗式脱臭施設，ロ　洗浄施設			

＊網かけの施設が管理者法の規制対象施設（汚水等排出施設）

水質汚濁防止法		管理者法		
		総排出水量別選任すべき管理者		
施行令別表1	施設の区分	1万m³/日以上	1万〜1千m³/日	1千m³/日未満
19	紡績業又は繊維製品の製造業若しくは加工業用施設で，次に掲げるもの　イ まゆ湯煮施設，ロ 副蚕処理施設，ハ 原料浸せき施設，ニ 精練機及び精練そう，ホ シルケット機，ヘ 漂白機及び漂白そう，ト 染色施設，チ 薬液浸透施設，リ のり抜き施設	水質1，3種	水質1〜4種	管理者法上は適用外
19	上記の施設で，トリクロロエチレン又はテトラクロロエチレンを使用する染色又は薬液浸透の用に供するものに限る。	水質1種	水質1，2種	
20	洗毛業用施設で，次に掲げるもの　イ 洗毛施設，ロ 洗化炭施設	水質1，3種	水質1〜4種	管理者法上は適用外
21	化学繊維製造業用施設で，次に掲げるもの　イ 湿式紡糸施設，ロ リンター又は未精練繊維の薬液処理施設，ハ 原料回収施設			
21の2	一般製材業又は木材チップ製造業用湿式バーカー			
21の3	合板製造業用接着機洗浄施設			
21の4	パーティクルボード製造業用施設で，次に掲げるもの　イ 湿式バーカー，ロ 接着機洗浄施設			
22	木材薬品処理業用施設で，次に掲げるもの　イ 湿式バーカー，ロ 薬液浸透施設			
	上記の施設で，六価クロム化合物又はひ素化合物を使用する木材の薬品処理の用に供するものに限る。	水質1種	水質1，2種	
23	パルプ，紙又は紙加工品の製造業用施設で，次に掲げるもの　イ 原料浸せき施設，ロ 湿式バーカー，ハ 砕木機，ニ 蒸解施設，ホ 蒸解廃液濃縮施設，ヘ チップ洗浄施設及びパルプ洗浄施設，ト 漂白施設，チ 抄紙施設（抄造施設を含む。），リ セロハン製膜施設，ヌ 湿式繊維板成型施設，ル 廃ガス洗浄施設	水質1，3種	水質1〜4種	管理者法上は適用外
23の2	新聞業，出版業，印刷業又は製版業用施設で，次に掲げるもの　イ 自動式フィルム現像洗浄施設，ロ 自動式感光膜付印刷版現像洗浄施設			
	上記の施設で，トリクロロエチレン又はテトラクロロエチレンを使用する自動式のフィルムの現像洗浄又は自動式の感光膜付印刷版の現像洗浄の用に供するものに限る。	水質1種	水質1，2種	
24	化学肥料製造業用施設で，次に掲げるもの　イ ろ過施設，ロ 分離施設，ハ 水洗式破砕施設，ニ 廃ガス洗浄施設，ホ 湿式集じん施設	水質1，3種	水質1〜4種	管理者法上は適用外
	上記の施設で，ふっ素若しくはその化合物を含有する物質，ほう素若しくはその化合物又はアンモニア，アンモニウム化合物，亜硝酸化合物若しくは硝酸化合物を原料として使用する化学肥料の製造の用に供するものに限る。	水質1種	水質1，2種	
25	削除（水銀電解法によるか性ソーダ又はか性カリの製造業の用に供する施設であって，次に掲げるもの　イ 塩水精製施設　ロ 電解施設）			
26	無機顔料製造業用施設で，次に掲げるもの　イ 洗浄施設，ロ カドミウム系無機顔料製造施設のうち，遠心分離機，ハ 群青製造施設のうち，水洗式分別施設，ホ 廃ガス洗浄施設	水質1，3種	水質1〜4種	管理者法上は適用外
	上記の施設で，カドミウム若しくはその化合物，鉛若しくはその化合物又は水銀若しくはその化合物を含有する無機顔料の製造の用に供するものに限る。	水質1種	水質1，2種	
27	前2号に掲げる事業以外の無機化学工業製品製造業用施設で，次に掲げるもの　イ ろ過施設，ロ 遠心分離機，ハ 硫酸製造施設のうち，亜硫酸ガス冷却洗浄施設，ニ 活性炭又は二硫化炭素の製造施設のうち，洗浄施設，ホ 無水けい酸製造施設のうち，塩酸回収施設，ヘ 青酸製造施設のうち，反応施設，ト よう素製造施設のうち，吸着施設及び沈でん施設，チ 海水マグネシア製造施設のうち，沈でん施設，リ バリウム化合物製造施設のうち，水洗式分別施設，ヌ 廃ガス洗浄施設，ル 湿式集じん施設	水質1，3種	水質1〜4種	管理者法上は適用外
	上記の施設で，水質汚濁防止法施行令第2条各号に掲げる物質（以下「有害物質」という。）又はこれらを含有する物質を原料又は触媒として使用する無機化学工業製品の製造用に供するもの及び黄燐の製造の用に供するものに限る。	水質1種	水質1，2種	

＊網かけの施設が管理者法の規制対象施設（汚水等排出施設）

水質汚濁防止法		管理者法		
		総排出水量別選任すべき管理者		
施行令別表1	施設の区分	1万m³/日以上	1万～1千m³/日	1千m³/日未満
28	カーバイド法アセチレン誘導品製造業用施設で，次に掲げるもの イ 湿式アセチレンガス発生施設，ロ 酢酸エステル製造施設のうち，洗浄施設及び蒸留施設，ハ ポリビニルアルコール製造施設のうち，メチルアルコール蒸留施設，ニ アクリル酸エステル製造施設のうち，蒸留施設，ホ 塩化ビニルモノマー洗浄施設，ヘ クロロプレンモノマー洗浄施設	水質1，3種	水質1～4種	管理者法上は適用外
	上記の施設で，塩化ビニルモノマーの製造の用に供するものに限る。	水質1種	水質1，2種	
29	コールタール製品製造業用施設で，次に掲げるもの イ ベンゼン類硫酸洗浄施設，ロ 静置分離器，ハ タール酸ソーダ硫酸分離施設	水質1種	水質1，2種	
30	発酵工業（第5号，第10号及び第13号に掲げる事業を除く。）用施設で，次に掲げるもの イ 原料処理施設，ロ 蒸留施設，ハ 遠心分離施設，ニ ろ過施設	水質1，3種	水質1～4種	管理者法上は適用外
31	メタン誘導品製造業用施設で，次に掲げるもの イ メチルアルコール又は四塩化炭素の製造施設のうち，蒸留施設，ロ ホルムアルデヒド製造施設のうち，精製施設，ハ フロンガス製造施設のうち，洗浄施設及びろ過施設			
	上記の施設で，トリクロロエチレン又はテトラクロロエチレンを原料として使用するフロンガスの製造の用に供するものに限る。	水質1種	水質1，2種	
32	有機顔料又は合成染料の製造業用施設で，次に掲げるもの イ ろ過施設，ロ 顔料又は染色レーキの製造施設のうち，水洗施設，ハ 遠心分離機，ニ 廃ガス洗浄施設	水質1，3種	水質1～4種	管理者法上は適用外
	上記の施設で，トリクロロエチレン若しくはテトラクロロエチレンを原料として使用する有機顔料又は合成染料の製造の用に供するもの又は銅フタロシアニン系顔料の製造の用に供するものに限る。)	水質1種	水質1，2種	
33	合成樹脂製造業用施設で，次に掲げるもの イ 縮合反応施設，ロ 水洗施設，ハ 遠心分離機，ニ 静置分離機，ホ 弗素樹脂製造施設のうち，ガス冷却洗浄施設及び蒸留施設，ト ポリプロピレン製造施設のうち，中圧法又は低圧法によるポリエチレン製造施設のうち，溶剤回収施設，チ ポリブテンの酸又はアルカリによる処理施設，リ 廃ガス洗浄施設，ヌ 湿式集じん施設	水質1，3種	水質1～4種	管理者法上は適用外
	上記の施設で，塩化ビニルモノマーを原料として使用する合成樹脂の製造の用に供するもの，トリクロロエチレン若しくはテトラクロロエチレンを溶剤として使用するふっ素樹脂の製造の用に供するもの，1,4-ジオキサンを溶剤として使用する合成樹脂の製造の用に供するもの又はポリエチレンテレフタレートの製造の用に供するものに限る。	水質1種	水質1，2種	
34	合成ゴム製造業用施設で，次に掲げるもの イ ろ過施設，ロ 脱水施設，ハ 水洗施設，ニ ラテックス濃縮施設，ホ スチレン・ブタジエンゴム，ニトリル・ブタジエンゴム又はポリブタジエンゴムの製造施設のうち，静置分離器	水質1，3種	水質1～4種	管理者法上は適用外
	上記の施設で，テトラクロロエチレンを含有する物質若しくは2-クロロエチルビニルエーテルを原料として使用する合成ゴムの製造の用に供するもの又はニトリル・ブタジエンゴムの製造の用に供するものに限る。	水質1種	水質1，2種	
35	有機ゴム薬品製造業用施設で，次に掲げるもの イ 蒸留施設，ロ 分離施設，ハ 廃ガス洗浄施設	水質1，3種	水質1～4種	管理者法上は適用外
	上記の施設で，2-クロロエチルビニルエーテルの製造の用に供するものに限る。	水質1種	水質1，2種	
36	合成洗剤製造業用施設で，次に掲げるもの イ 廃酸分離施設，ロ 廃ガス洗浄施設，ハ 湿式集じん施設	水質1，3種	水質1～4種	管理者法上は適用外

＊網かけの施設が管理者法の規制対象施設(汚水等排出施設)

水質汚濁防止法		管理者法		
		総排出水量別選任すべき管理者		
施行令別表 1	施設の区分	1 万 m³／日以上	1 万〜1 千 m³／日	1 千 m³／日未満
37	前 6 号に掲げる事業以外の石油化学工業（石油又は石油副生ガスの中に含まれる炭化水素の分解，分離その他の化学的処理により製造される炭化水素又は炭化水素誘導品の製造業をいい，第 51 号に掲げる事業を除く。）用施設で，次に掲げるもの 　イ　洗浄施設，ロ　分離施設，ハ　ろ過施設，ニ　アクリロニトリル製造施設のうち，急冷施設及び蒸留施設，ホ　アセトアルデヒド，アセトン，カプロラクタム，テレフタル酸又はトリレンジアミンの製造施設のうち，蒸留施設，ヘ　アルキルベンゼン製造施設のうち，酸又はアルカリによる処理施設，ト　イソプロピルアルコール製造施設のうち，蒸留施設及び硫酸濃縮施設，チ　エチレンオキサイド又はエチレングリコールの製造施設のうち，蒸留施設及び濃縮施設，リ　2-エチルヘキシルアルコール又はイソブチルアルコールの製造施設のうち，縮合反応施設及び蒸留施設，ヌ　シクロヘキサノン製造施設のうち，酸又はアルカリによる処理施設，ル　トリレンジイソシアネート又は無水フタル酸の製造施設のうち，ガス冷却洗浄施設，ヲ　ノルマルパラフィン製造施設のうち，酸又はアルカリによる処理施設及びメチルアルコール蒸留施設，ワ　プロピレンオキサイド又はプロピレングリコールのけん化器，カ　メチルエチルケトン製造施設のうち，水蒸気凝縮施設，ヨ　メチルメタクリレートモノマー製造施設のうち，反応施設及びメチルアルコール回収施設，タ　廃ガス洗浄施設	水質1，3種	水質1〜4種	管理者法上は適用外
	上記の施設で，トリクロロエチレン，テトラクロロエチレン，アクリロニトリル，テレフタル酸（カドミウム化合物を触媒として使用して製造するものに限る。），メチルメタクリレートモノマー，ウレタン原料（硝酸化合物を原料として使用して製造するものに限る。），高級アルコール（1分子を構成する炭素の原子の数が 6 個以上のアルコールをいい，ほう素化合物を触媒として使用して製造するものに限る。），キシレン（ほう素化合物を触媒として使用し，又はふっ素化合物を溶剤として使用して製造するものに限る。），アルキルベンゼン（ふっ素化合物を触媒として使用して製造するものに限る。）若しくはエチレンオキサイドの製造の用に供するもの又はエチレンオキサイドを原料として使用する石油化学製品の製造の用に供するものに限る。	水質1種	水質1，2種	
38	石けん製造業用施設で，次に掲げるもの 　イ　原料精製施設，ロ　塩析施設	水質1，3種	水質1〜4種	管理者法適用外
38 の 2	界面活性剤製造業の用に供する反応施設(1,4-ジオキサンが発生するものに限り，洗浄装置を有しないものを除く)	水質1種	水質1，2種	
39	硬化油製造業用施設で，次に掲げるもの 　イ　脱酸施設，ロ　脱臭施設	水質1，3種	水質1〜4種	管理者法上は適用外
40	脂肪酸製造業用蒸留施設			
41	香料製造業用施設で，次に掲げるもの 　イ　洗浄施設，ロ　抽出施設			
	上記の施設で，トリクロロエチレン又はテトラクロロエチレンを使用する抽出の用に供するものに限る。	水質1種	水質1，2種	
42	ゼラチン又はにかわの製造業用施設で，次に掲げるもの 　イ　原料処理施設，ロ　石灰づけ施設，ハ　洗浄施設	水質1，3種	水質1〜4種	管理者法適用外
43	写真感光材料製造業用の感光剤洗浄施設	水質1種	水質1，2種	
44	天然樹脂製品製造業用施設で，次に掲げるもの 　イ　原料処理施設，ロ　脱水施設	水質1，3種	水質1〜4種	管理者法適用外
45	木材化学工業用のフルフラール蒸留施設	水質1，3種	水質1〜4種	管理者法上は適用外
46	第 28 号から前号までに掲げる事業以外の有機化学工業製品製造業用施設で，次に掲げるもの 　イ　水洗施設，ロ　ろ過施設，ハ　ヒドラジン製造施設のうち，濃縮施設，ニ　廃ガス洗浄施設			
	上記の施設で，有害物質若しくはこれらを含有する物質を原料若しくは触媒として使用し，又はトリクロロエチレン，テトラクロロエチレン若しくは 1,4-ジオキサンを溶剤として使用する有機化学工業製品の製造の用に供するものに限る。	水質1種	水質1，2種	

＊網かけの施設が管理者法の規制対象施設（汚水等排出施設）

水質汚濁防止法		管理者法		
		総排出水量別選任すべき管理者		
施行令別表1	施設の区分	1万m³/日以上	1万～1千m³/日	1千m³/日未満
47	医薬品製造業用施設で，次に掲げるもの　イ 動物原料処理施設，ロ ろ過施設，ハ 分離施設，ニ 混合施設（第2条各号に掲げる物質を含有する物を混合するものに限る。以下同じ。），ホ 廃ガス洗浄施設	水質1, 3種	水質1～4種	管理者法上は適用外
	上記の施設で，水銀若しくはその化合物，鉛若しくはその化合物若しくはひ素若しくはその化合物若しくはこれらを含有する物質を原料若しくは触媒として使用し，又はトリクロロエチレン，テトラクロロエチレン若しくは1,4-ジオキサンを溶剤として使用する医薬品の製造の用に供するものに限る。	水質1種	水質1, 2種	
48	火薬製造業用の洗浄施設	水質1, 3種	水質1～4種	管理者法適用外
	上記の施設で，ほう素若しくはその化合物，ふっ素若しくはその化合物又はアンモニア，アンモニウム化合物，亜硝酸化合物若しくは硝酸化合物を原料として使用する火薬の製造の用に供するものに限る。	水質1種	水質1, 2種	
49	農薬製造業用の混合施設	水質1, 3種	水質1～4種	管理者法上は適用外
50	第2条各号に掲げる物質を含有する試薬の製造業用の試薬製造施設			
	上記の施設で，トリクロロエチレン，テトラクロロエチレン又は1,4-ジオキサンの試薬の製造の用に供するものに限る。	水質1種	水質1, 2種	
51	石油精製業（潤滑油再生業を含む。）用施設で，次に掲げるもの　イ 脱塩施設，ロ 原油常圧蒸留施設，ハ 脱硫施設，ニ 揮発油，灯油又は軽油の洗浄施設，ホ 潤滑油洗浄施設	水質1, 3種	水質1～4種	管理者法上は適用外
	上記の施設で，トリクロロエチレンを使用する潤滑油の洗浄の用に供するものに限る。	水質1種	水質1, 2種	
51の2	自動車用タイヤ若しくは自動車用チューブの製造業，ゴムホース製造業，工業用ゴム製品製造業（防振ゴム製造業を除く。），再生タイヤ製造業又はゴム板製造業用の直接加硫施設	水質1, 3種	水質1～4種	管理者法上は適用外
51の3	医療用若しくは衛生用のゴム製品製造業，ゴム手袋製造業，糸ゴム製造業又はゴムバンド製造業用のラテックス成形用洗浄施設			
52	皮革製造業用施設で，次に掲げるもの　イ 洗浄施設，ロ 石灰づけ施設，ハ タンニンづけ施設，ニ クロム浴施設，ホ 染色施設			
53	ガラス又はガラス製品の製造業用施設で，次に掲げるもの　イ 研摩洗浄施設，ロ 廃ガス洗浄施設			
	上記の施設で，硫化カドミウム，炭酸カドミウム，酸化鉛，ほう素若しくはその化合物若しくはふっ化合物を原料として使用するガラス若しくはガラス製品の製造の用に供するもの又はトリクロロエチレン若しくはふっ素若しくはその化合物を使用する研摩洗浄の用に供するものに限る。	水質1種	水質1, 2種	
54	セメント製品製造業用施設で，次に掲げるもの　イ 抄造施設，ロ 成型機，ハ 水養生施設（蒸気養生施設を含む。）	水質1, 3種	水質1～4種	管理者法上は適用外
55	生コンクリート製造業用のバッチャープラント			
56	有機質砂かべ材製造業用の混合施設			
57	人造黒鉛電極製造業用の成型施設			
58	窯業原料（うわ薬原料を含む。）の精製業用施設で，次に掲げるもの　イ 水洗式破砕施設，ロ 水洗式分別施設，ハ 酸処理施設，ニ 脱水施設	水質1, 3種	水質1～4種	管理者法上は適用外
	上記の施設で，ほう素化合物を原料として使用するうわ薬原料の精製の用に供するものに限る。	水質1種	水質1, 2種	
59	砕石業用施設で，次に掲げるもの　イ 水洗式破砕施設，ロ 水洗式分別施設	水質1, 3種	水質1～4種	管理者法適用外
60	砂利採取業用の水洗式分別施設	管理者法上は適用外		

＊網かけの施設が管理者法の規制対象施設(汚水等排出施設)

水質汚濁防止法		管理者法		
		総排出水量別選任すべき管理者		
施行令別表 1	施設の区分	1 万 m³/日 以上	1 万～1 千 m³/日	1 千 m³/日 未満
61	鉄鋼業用施設で，次に掲げるもの 　イ タール及びガス液分離施設，ロ ガス冷却洗浄施設，ハ 圧延施設， 　ニ 焼入れ施設，ホ 湿式集じん施設	水質 1，3 種	水質 1～4 種	管理者法上は適用外
	上記の施設で，コークスの製造又は転炉ガスの冷却洗浄の用に供するものに限る。	水質 1 種	水質 1，2 種	
62	非鉄金属製造業用施設で，次に掲げるもの 　イ 還元そう，ロ 電解施設(溶融塩電解施設を除く。)，ハ 焼入れ施設，ニ 水銀精製施設，ホ 廃ガス洗浄施設，ヘ 湿式集じん施設 鉱山保安法第 2 条第 2 項の鉱山に設置されるものを除く	水質 1，3 種	水質 1～4 種	管理者法上は適用外
	上記の施設で，銅，鉛若しくは亜鉛の第一次製錬若しくは鉛若しくは亜鉛の第二次製錬，水銀の精製又はふっ素化合物を原料として使用するウランの酸化物の製造の用に供するものに限る。	水質 1 種	水質 1，2 種	
63	金属製品製造業又は機械器具製造業(武器製造業を含む。)用施設で，次に掲げるもの 　イ 焼入れ施設，ロ 電解式洗浄施設，ハ カドミウム電極又は鉛電極の化成施設，ニ 水銀精製施設，ホ 廃ガス洗浄施設	水質 1，3 種	水質 1～4 種	管理者法上は適用外
	上記の施設で，液体浸炭による焼入れ，シアン化合物若しくは六価クロム化合物を使用する電解式洗浄，カドミウム電極若しくは鉛電極の化成又は水銀の精製の用に供するものに限る。	水質 1 種	水質 1，2 種	
63 の 2	空きびん卸売業用の自動式洗びん施設	管理者法上は適用外		
63 の 3	石炭を燃料とする火力発電施設のうち，廃ガス洗浄施設	水質 1 種	水質 1，2 種	
64	ガス供給業又はコークス製造業用施設で，次に掲げるもの 　イ タール及びガス液分離施設，ロ ガス冷却洗浄施設(脱硫化水素施設を含む。)	水質 1，3 種	水質 1～4 種	管理者法上は適用外
	上記の施設で，コークス炉ガス又はコークスの製造の用に供するものに限る。	水質 1 種	水質 1，2 種	
64 の 2	水道施設(水道法第 3 条第 8 項に規定するものをいう。)，工業用水道施設(工業用水道事業法第 2 条第 6 項に規定するものをいう。)又は自家用工業用水道(同法第 21 条第 1 項に規定するものをいう。)の施設のうち，浄水施設であって，次に掲げるもの(これらの浄水能力が 1 日当たり 1 万立方メートル未満の事業場に係るものを除く。) 　イ 沈でん施設，ロ ろ過施設	管理者法上は適用外		
65	酸又はアルカリによる表面処理施設	水質 1，3 種	水質 1～4 種	管理者法適用外
	上記の施設で，クロム酸，ほう素若しくはその化合物，ふっ素若しくはその化合物又はアンモニア，アンモニウム化合物，亜硝酸化合物若しくは硝酸化合物による表面処理の用に供するものに限る。	水質 1 種	水質 1，2 種	
66	電気めっき施設	水質 1，3 種	水質 1～4 種	管理者法適用外
	上記の施設で，カドミウム化合物，シアン化合物，六価クロム化合物，トリクロロエチレン，テトラクロロエチレン，ほう素化合物，ふっ素化合物又はアンモニウム化合物，亜硝酸化合物若しくは硝酸化合物を使用する電気めっきの用に供するものに限る。	水質 1 種	水質 1，2 種	
66 の 2	エチレンオキサイド又は 1, 4–ジオキサンの混合施設(前各号に該当するものを除く)	水質 1 種	水質 1，2 種	
66 の 3	旅館業(旅館業法第 2 条第 1 項に規定するもの(住宅宿泊事業法(平成 29 年法律第 65 号)第 2 条第 3 項に規定する住宅宿泊事業に該当するもの及び旅館業法第 2 条第 4 項に規定する下宿営業を除く。)をいう。)用施設で，次に掲げるもの 　イ ちゅう房施設，ロ 洗濯施設，ハ 入浴施設	管理者法上は適用外		
66 の 4	共同調理場(学校給食法第 6 条に規定する施設をいう。以下同じ。)に設置されるちゅう房施設(業務用部分の総床面積(以下単に「総床面積」という。)が 500 平方メートル未満の事業場に係るものを除く。)			
66 の 5	弁当仕出屋又は弁当製造業用のちゅう房施設(総床面積が 360 平方メートル未満の事業場に係るものを除く。)			

＊網かけの施設が管理者法の規制対象施設（汚水等排出施設）

水質汚濁防止法		管理者法		
		総排出水量別選任すべき管理者		
施行令別表1	施設の区分	1万m³/日以上	1万〜1千m³/日	1千m³/日未満
66の6	飲食店（次号及び第66号の8に掲げるものを除く。）に設置されるちゅう房施設（総床面積が420平方メートル未満の事業場に係るものを除く。）	管理者法上は適用外		
66の7	そば店，うどん店，すし店のほか，喫茶店その他の通常主食と認められる食事を提供しない飲食店（次号に掲げるものを除く。）に設置されるちゅう房施設（総床面積が630平方メートル未満の事業場に係るものを除く。）			
66の8	料亭，バー，キャバレー，ナイトクラブその他これらに類する飲食店で設備を設けて客の接待をし，又は客にダンスをさせるものに設置されるちゅう房施設（総床面積が1,500平方メートル未満の事業場に係るものを除く。）			
67	洗濯業用の洗浄施設			
68	写真現像業用の自動式フィルム現像洗浄施設			
68の2	病院（医療法第1条の5第1項に規定するものをいう。以下同じ。）で病床数が300以上であるものに設置される施設で，次に掲げるもの　イ　ちゅう房施設，ロ　洗浄施設，ハ　入浴施設			
69	と畜業又は死亡獣畜取扱業用の解体施設			
69の2	卸売市場（卸売市場法第2条第2項に規定するものをいう。）（主として漁業者又は水産業協同組合から出荷される水産物の卸売のためその水産物の陸揚地において開設される卸売市場で，その水産物を主として他の卸売市場に出荷する者，水産加工業を営む者に卸売する者又は水産加工業を営む者に対し卸売するためのものを除く。）に設置される施設であって，次に掲げるもの（水産物に係るものに限り，これらの総面積が1,000平方メートル未満の事業場に係るものを除く。）　イ　卸売場，ロ　仲卸売場（令和2.6.21施行）			
70	廃油処理施設（海洋汚染等及び海上災害の防止に関する法律第3条第14号に規定するものをいう。）			
70の2	自動車特定整備事業（道路運送車両法第77条に規定するものをいう。以下同じ。）用の洗浄施設（屋内作業場の総面積が800平方メートル未満の事業場に係るもの及び次号に掲げるものを除く。）			
71	自動式車両洗浄施設			
71の2	科学技術（人文科学のみに係るものを除く。）に関する研究，試験，検査又は専門教育を行う事業場で，環境省令で定めるものに設置されるそれらの業務用施設で，次に掲げるもの　イ　洗浄施設，ロ　焼入れ施設			
71の3	一般廃棄物処理施設（廃棄物の処理及び清掃に関する法律第8条第1項に規定するものをいう。）である焼却施設			
71の4	産業廃棄物処理施設（廃棄物の処理及び清掃に関する法律第15条第1項に規定するものをいう。）のうち，次に掲げるもの　イ　廃棄物の処理及び清掃に関する法律施行令（昭和46年政令第300号）第7条第1号，第3号から第6号まで，第8号又は第11号に掲げる施設で，国若しくは地方公共団体又は産業廃棄物処理業者（廃棄物の処理及び清掃に関する法律第2条第4項に規定する産業廃棄物の処分を業として行う者（同法第14条第6項ただし書の規定により同本本文の許可を受けることを要しない者及び同法第14条の4第6項ただし書の規定により同項本文の許可を受けることを要しない者をいう。）が設置するもの　ロ　廃棄物の処理及び清掃に関する法律施行令第7条第12号から第13号までに掲げる施設			
71の5	トリクロロエチレン，テトラクロロエチレン又はジクロロメタンによる洗浄施設（前各号に該当するものを除く。）	水質1種	水質1，2種	
71の6	トリクロロエチレン，テトラクロロエチレン又はジクロロメタンの蒸留施設（前各号に該当するものを除く。）			
72	し尿処理施設（建築基準法施行令第32条第1項の表に規定する算定方法により算定した処理対象人員が500人以下のし尿浄化槽を除く。）	管理者法上は適用外		
73	下水道終末処理施設			

＊網かけの施設が管理者法の規制対象施設（汚水等排出施設）

水質汚濁防止法		管理者法		
		総排出水量別選任すべき管理者		
施行令別表 1	施設の区分	1 万 m³／日以上	1 万〜1 千 m³／日	1 千 m³／日未満
74	特定事業場から排出される水（公共用水域に排出されるものを除く。）の処理施設（前 2 号に掲げるものを除く。）			
指定地域特定施設（施行令第 3 条の 2）	政令で指定された地域において，特定施設となる施設。 ・建築基準法施行令第 32 条第 1 項の表に規定する算定方法により算定した処理対象人員が 201 人以上 500 人以下のし尿浄化槽	管理者法上は適用外		

練習問題

問3　水質汚濁防止法に規定する特定施設に該当しないものはどれか。

(1)　飲料製造業の用に供する原料処理施設

(2)　冷凍調理食品製造業の用に供する湯煮施設

(3)　合成樹脂製造業の用に供する遠心分離機

(4)　金属製品製造業又は機械器具製造業(武器製造業を含む。)の用に供する成型機

(5)　下水道終末処理施設

解　説

　水質汚濁防止法の特定施設は、水質汚濁防止法第2条第2項に規定され、具体的には、同法施行令第1条に基づき同施行令別表第1に掲げられています(前出表3)。

　本問は選択肢の施設が、この別表第1に掲げられた施設か否かを問う問題です。

　(4)の「金属製品製造業又は機械器具製造業(武器製造業を含む。)の用に供する成型機」は別表第1に掲げられていないので正解になります。ただし、業種としては別表第1の第63号に掲げられています。なお、(1)は第10号イ、(2)は第18号の2ロ、(3)は第33号ハ、(5)は第73号に記載されています。

POINT

　このような特定施設を問う問題は、別表第1に記載されている業種と施設をすべて覚えていないと正解を見付けられないように思いがちですが、有害物質や生活環境項目を含む水を排出しそうな業種の施設かどうかを考えるとある程度類推できます。

　設問は「特定施設に該当しないもの」を聞いているので、排水中に有害物質や生活環境項目が含まれていそうにないものを見付けます。選択肢の施設の中で(4)の「金属製品製造業又は機械器具製造業」は、切削等の加工工程における潤滑油の使用、めっき等の表面処理工程における脱脂用の酸・アルカリの使用などから、有害物質や生活環境項目の取扱いがありそうな業種と思われます。しかしながら、プレス成型機に代表される「成型機」から、有害物質や生活環境項目が高い濃度で含まれる

排水が排出されることは考えにくいため、5つの施設の中ではこれが該当しないと判断できます。

正解 >> （4）

2-4　排水基準

ここでは「排水基準」について解説します。排水規制が適用される「排出水」や排水基準の基準値、上乗せ排水基準などについて理解しておきましょう。

1 排水基準の遵守

排出水を排出する者は、特定事業場の**排水口**において、**排出基準**に適合しない排出水を排出してはならないとしています（水質汚濁防止法第12条）。対象となる水は「**排出水**」（つまり、特定事業場から公共用水域に排出される水）です。

排水基準については法第3条で次のように定められています。

> （排水基準）
> 第3条　排水基準は、排出水の汚染状態(熱によるものを含む。以下同じ。)について、環境省令※で定める。
> 2　前項の排水基準は、有害物質による汚染状態にあっては、排出水に含まれる有害物質の量について、有害物質の種類ごとに定める許容限度とし、その他の汚染状態にあっては、前条第2項第2号に規定する項目について、項目ごとに定める許容限度とする。
> （中略）
> （排出水の排出の制限）
> 第12条　排出水を排出する者は、その汚染状態が当該特定事業場の排水口において排水基準に適合しない排出水を排出してはならない。

※：環境省令
ここでは、排水基準を定める省令(昭和46年総理府令第35号)のこと。

2 排出水とは

上記のように、排水基準は排出水に適用されるものです。前述の第2条第1項に定義される「公共用水域」、第2項の「特定施設」、第6項の「排出水」「特定事業場」、第7項の「汚水等」の関係を図1に示します。「排出水」と「汚水等」の違いに注意し

図1 排出水と汚水等の関係

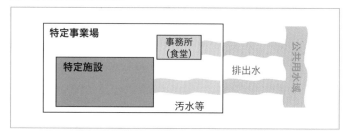

ておきましょう。

3 排水基準（有害物質・生活環境項目）

　条文が示すように、排水基準により規定される物質は大きく2つに分類されます。ひとつはカドミウムなどの**有害物質**、もうひとつは化学的酸素要求量などの**生活環境項目**です。

●排水基準の適用

　有害物質の排水基準については、有害物質を排出する**すべての特定事業場**に基準が適用されます。生活環境項目の排水基準については、**1日の平均的な排水量が50m³以上の特定事業場**に基準が適用されます。

●排水基準の許容限度

　有害物質の排水基準を表1に、生活環境項目の排水基準を表2に示します。これらの種類・項目、許容限度についてもよく出題されますので、環境基準と同様に、厳しく設定されているものを中心に覚えておきましょう。

　また、排水基準は環境基準の達成を目標として設定されていますので、掲げられている項目は前述した環境基準(水質汚濁に係る環境基準(公共用水域)、地下水の水質汚濁に係る環境基準)とほぼ同じです。環境基準と排水基準の項目の違いに注目した出題も過去にありましたので、これらの関係も理解してお

表1　排水基準(有害物質)

有害物質の種類	許容限度	有害物質の種類		許容限度
カドミウム及びその化合物[†2]	0.03 mg/L	1,1-ジクロロエチレン		1 mg/L
シアン化合物	1 mg/L	シス-1,2-ジクロロエチレン		0.4 mg/L
有機りん化合物(パラチオン、メチルパラチオン、メチルジメトン及びEPNに限る。)	1 mg/L	1,1,1-トリクロロエタン		3 mg/L
		1,1,2-トリクロロエタン		0.06 mg/L
		1,3-ジクロロプロペン		0.02 mg/L
鉛及びその化合物	0.1 mg/L	チウラム		0.06 mg/L
六価クロム化合物[†4]	0.2 mg/L	シマジン		0.03 mg/L
砒素及びその化合物	0.1 mg/L	チオベンカルブ		0.2 mg/L
水銀及びアルキル水銀その他の水銀化合物(総水銀)	0.005 mg/L	ベンゼン		0.1 mg/L
		セレン及びその化合物		0.1 mg/L
アルキル水銀化合物	検出されないこと	ほう素及びその化合物	(海域以外)	10 mg/L
ポリ塩化ビフェニル(PCB)	0.003 mg/L		(海域)	230 mg/L
トリクロロエチレン[†3]	0.1 mg/L	ふっ素及びその化合物	(海域以外)	8 mg/L
テトラクロロエチレン	0.1 mg/L		(海域)	15 mg/L
ジクロロメタン	0.2 mg/L	アンモニア、アンモニウム化合物、亜硝酸化合物及び硝酸化合物		100 mg/L[†1]
四塩化炭素	0.02 mg/L			
1,2-ジクロロエタン	0.04 mg/L	1,4-ジオキサン		0.5mg/L

†1：アンモニア性窒素に0.4を乗じたもの、亜硝酸性窒素及び硝酸性窒素の合計量。
†2：平成26年12月施行(0.1→0.03mg/L)
†3：平成27年10月施行(0.3→0.1mg/L)
†4：環境基準が、令和4年4月1日付で(0.05→0.02mg/L)に改訂され、排水基準も令和6年4月1日より(0.5→0.2mg/L)に改訂。

表2　排水基準(生活環境項目)

項目		許容限度
水素イオン濃度(水素指数)(pH)	海域以外の公共用水域に排出されるもの	5.8以上8.6以下
	海に排出されるもの	5.0以上9.0以下
生物化学的酸素要求量(BOD)		160 mg/L(日間平均120 mg/L)
化学的酸素要求量(COD)		160 mg/L(日間平均120 mg/L)
浮遊物質量(SS)		200 mg/L(日間平均150 mg/L)
ノルマルヘキサン抽出物質含有量(鉱油類含有量)		5 mg/L
ノルマルヘキサン抽出物質含有量(動植物油脂類含有量)		30 mg/L
フェノール類含有量		5 mg/L
銅含有量		3 mg/L
亜鉛含有量		2 mg/L
溶解性鉄含有量		10 mg/L
溶解性マンガン含有量		10 mg/L
クロム含有量		2 mg/L
大腸菌群数[†1]		日間平均3000個/cm³
窒素含有量		120 mg/L(日間平均60 mg/L)
りん含有量		16 mg/L(日間平均8 mg/L)

備考　1.　「日間平均」による許容限度は、1日の排出水の平均的な汚染状態について定めたものである。
　　　2.　この表に掲げる排水基準は、**1日当たりの平均的な排出水の量が50立方メートル以上である工場又は事業場に係る排出水について適用する。**
†1：環境基準が、令和4年4月1日付で(大腸菌群数→大腸菌数)に改訂されたので、排水基準も令和7年4月1日から大腸菌数800CFU(コロニー形成単位に変更)/mL改訂される。

図2 環境基準、排水基準等の項目の違い

環境基本法

環境基準（公共用水域）[†1]

シス -1,2- ジクロロエチレン

環境基準（地下水）[†2]

1,2- ジクロロエチレン

クロロエチレン（別名塩化ビニル又は
塩化ビニルモノマー）

水質汚濁防止法

排水基準（有害物質）[†3]

シス -1,2- ジクロロエチレン

有機りん化合物

（塩化ビニルモノマー）*
*有害物質として掲げられているが、
　排水基準では設定なし

浸透基準（地下水）[†4]

1,2- ジクロロエチレン

有機りん化合物
塩化ビニルモノマー

浄化基準（地下水）[†5]

1,2- ジクロロエチレン

有機りん化合物
塩化ビニルモノマー

†1　水質汚濁に係る環境基準（昭和 46 年環境庁告示第 59 号）
†2　地下水の水質汚濁に係る環境基準（平成 9 年環境庁告示第 10 号）
†3　排水基準を定める省令（昭和 46 年総理府令第 35 号）
†4　水質汚濁防止法施行規則第 6 条の 2 の規定に基づく環境大臣が定める検定方法（平成元年環境庁告示 39 号）
†5　水質汚濁防止法施行規則 別表第 2（第 9 条の 3 関係）（昭和 46 年総理府・通商産業省令第 2 号）

きましょう(図2)。

　なお、図2中の地下浸透基準(浸透基準)、浄化基準について
は後述しますが、いずれも水質汚濁防止法で定められている基
準です。

ポイント

①排水基準は、特定事業場の排出口における「排出水」に適用される。
②排水基準は、有害物質(すべての特定事業場)と生活環境項目(排水
　量50m³/日以上)に分けられる。

練習問題

問2　水質汚濁防止法に関する記述として，誤っているものはどれか。

(1)　排出水に係る用水及び排水の系統は，工場又は事業場から公共用水域に水を排出する者が，特定施設を設置しようとするときに，都道府県知事（又は政令で定める市の長）に届け出なければならない事項の一つである。

(2)　排出水の汚染状態の測定結果は，水質測定記録表により記録し，その記録を3年間保存しなければならない。

(3)　カドミウム及びその化合物の排水基準（許容限度）は，「検出されないこと。」である。

(4)　生活環境項目に関する排水基準は，1日当たりの平均的な排出水の量が50立方メートル以上である工場又は事業場に係る排出水について適用される。

(5)　都道府県知事（又は政令で定める市の長）は，特定事業場の設置者又は貯油事業場等の設置者が事故時の応急の措置を講じていないと認めるときは，これらの者に対し，事故時の応急の措置を講ずべきことを命ずることができる。

解 説

水質汚濁防止法について広い範囲からの出題です。

表1に示すように、(3)のカドミウム及びその化合物の排水基準（許容限度）は0.03mg/L です。「検出されないこと」ではありません。

なお、(1)は後述の 2-8「特定施設等の届出」、(2)は 2-9「排出水の汚染状態の測定等」、(5)は 2-10「事故時の措置」で解説します。

POINT

前述の第1章の練習問題（平成20・問9）の解説ですでに説明したように、環境基準では、「全シアン」「アルキル水銀」「PCB」の3項目が「検出されないこと」となっていますが、排水基準で「検出されないこと」となっているのは「アルキル水銀化合物」だけであることは記憶しておきましょう（表1参照）。また、「シアン化合物」の排水基準が「1mg/L」とほかの物質に比べ緩い基準値が設定されていることも記憶しておきましょう。

ちなみに、カドミウムの環境基準は0.003mg/L であり、排水基準はその10倍の

0.03mg/L です。例外もありますが、多くの物質の基準値は、公共用水域に流れ込むことでの希釈効果が考慮され、排水基準は環境基準の 10 倍の値が採用されています。

正解 >> （3）

第1章

第2章

第3章

第4章

第5章

第6章

第7章

第8章

練習問題

問10 次の農薬のうち，水質汚濁防止法施行令に基づく排水基準項目に指定されていないものはどれか。

(1) シマジン

(2) パラコート

(3) 1,3-ジクロロプロペン

(4) チウラム

(5) チオベンカルブ

解 説

排水基準に定められている有害物質の物質名についての出題です。

農薬に分類される 5 つの物質の中で、排水基準項目として指定されていない物質は(2)のパラコートです（表 1 参照）。

なお、パラコートはビピリジン（ピリジン 2 分子が炭素－炭素単結合で直接つながった構造）系の非選択性除草剤です。

POINT

本問は「農薬」という用語で戸惑うかもしれませんが、排水基準に定められている物質かどうかがわかれば消去法で正解が見付かります。

水質関係第 1 種及び第 2 種公害防止管理者の試験科目である「水質有害物質特論」を勉強している受験者にとっては、「有機りん化合物（農薬）」としてパラチオン、メチルパラチオン、メチルジメトン、EPN の、「農薬系有機化合物」として 1,3-ジクロロプロペン、チウラム、シマジン、チオベンカルブの排水処理方法と測定方法を学習するので、どちらにも含まれていない「パラコート」が正解だとすぐにわかります。

第 3 種及び第 4 種の受験者にとっては、具体的な処理方法や測定方法は試験範囲に含まれず、また、有機りん化合物は環境基準の設定がなく排出基準のみが設定されている物質なので、あまり関連がないように思うかもしれません。しかしながら水質概論でも上記のような出題がされていますので、農薬として分類される有機

りん化合物（パラチオン、メチルパラチオン、メチルジメトン、EPN）及び 1,3-ジクロロプロペン、チウラム、シマジン、チオベンカルブについても記憶にとどめておきましょう。

正解 >> （2）

4 上乗せ排水基準

　前述の排水基準は全国一律に適用されることから、一般に「**一律排水基準**」と呼ばれます。水質汚濁の防止が不十分な地域では、都道府県知事は一律排水基準よりも**厳しい基準**を**条例**※で定めることができます。これを一般に「**上乗せ排水基準**」といいます。

　上乗せ排水基準は、水質汚濁防止法第3条第3項や第29条で次のように定められています。

※：条例

地方公共団体の区域内において適用される自治立法であり、法令に違反しない範囲で定められる。上乗せ排水基準では、法律よりも基準値を厳しくする（上乗せ）、基準項目を追加する（横出し）、規制対象の規模範囲を広げる（裾切り）など、条例で定めた内容によって呼び方を区別することもある。

（排水基準）

第3条　（中略）

3　都道府県は、当該都道府県の区域に属する公共用水域のうちに、その自然的、社会的条件から判断して、<u>第1項の排水基準によっては人の健康を保護し、又は生活環境を保全することが十分でないと認められる区域</u>があるときは、その区域に排出される排出水の汚染状態について、政令で定める基準に従い、<u>条例で、同項の排水基準にかえて適用すべき同項の排水基準で定める許容限度よりきびしい許容限度を定める排水基準を定めることができる。</u>

（中略）

（条例との関係）

第29条　この法律の規定は、地方公共団体が、次に掲げる事項に関し<u>条例で必要な規制を定めることを妨げるものではない。</u>

　一　排出水について、第2条第2項第2号に規定する項目によって示される水の汚染状態以外の水の汚染状態（有害物質によるものを除く。）に関する事項

　二　特定地下浸透水について、有害物質による汚染状態以外の水の汚染状態に関する事項

　三　特定事業場以外の工場又は事業場から公共用水域に排出される水について、有害物質及び第2条第2項第2号に規定する項目によって示される水の汚染状態に関する事項

　四　特定事業場以外の工場又は事業場から地下に浸透する水について、有害物質による水の汚染状態に関する事項

5 暫定排水基準

　一律排水基準に直ちに対応することが困難であると認められる業種については、期限を設けて暫定排水基準を設定しています。暫定排水基準は定期的に見直しが行われ、2024年5月現在も窒素及びりん、ほう素、ふっ素及び硝酸性窒素等、亜鉛、閉鎖性水域のCOD・窒素・りんの総量規制について、暫定排水基準が設定されています。

ポイント

①都道府県知事は、一律排水基準よりも厳しい基準を条例で定めることができる（上乗せ排水基準）。

②一律排水基準に直ちに対応することが困難な業種には「暫定排水基準」が設定されている。

練習問題

問10　水質汚濁防止に関する施策の記述として，誤っているものはどれか。

　(1)　公共用水域の水質汚濁に係る環境基準は，人の健康の保護に関する環境基準と生活環境の保全に関する環境基準の二つから成る。

　(2)　水質汚濁防止法に基づき，国及び地方公共団体によって公共用水域の水質の監視が行われている。

　(3)　全国一律の排水基準では環境基準を達成することが困難な水域においては，国の省令により上乗せ基準が設定されている。

　(4)　生活環境の保全に関する環境基準は，河川，湖沼，海域ごとに利用目的等に応じた水域類型が設けられ，基準値が定められている。

　(5)　東京湾においては，COD，窒素及びりんに係る水質総量規制が実施されている。

解説

　水質汚濁防止法について広い範囲からの出題です。

　水質汚濁防止法により全国一律の排水基準が設定されていますが、全国一律の排水基準では環境基準を達成することが困難な水域においては、都道府県が条例でより厳しい上乗せ基準を定めることができます。したがって、(3)の「国の省令により」は誤りです。

　なお、(5)については次項 2-5「総量規制」を参照。

POINT

　「国の省令により」設定される場合は、省令の変更（基準の変更）であり、それ以前の基準は廃止されるので「上乗せ基準」とはいえません。本問は、用語の基本的な意味を理解していれば、他の選択肢の正誤がわからなくても正解が見付けられる問題といえます。

正解 >> （3）

第1章
第2章
第3章
第4章
第5章
第6章
第7章
第8章

2-5　総量規制

　ここでは「総量規制」について解説します。排水規制は濃度の規制でしたが、総量規制は汚濁負荷量の規制です。「汚濁負荷量」「指定項目」「指定水域」などについて理解しておきましょう。

※：汚濁負荷量
一般に汚濁負荷量とは、水域に流入する家庭や工場など陸域から排出される有機物、窒素、りん等の汚濁物質の量のこと。総量規制の対象となる項目はCOD、窒素、りんであり、それらの汚濁負荷量(kg/日)は、「排水量(m³/日)」と「濃度(mg/L)」の積で計算される。

1 総量規制とは

　人口及び産業の集中等により、排水基準のみでは**環境基準の確保が困難**な広域の公共用水域に流入する**汚濁負荷量**※の**総量**を削減することを目的とした規制です。

2 指定項目

　総量規制の対象となる項目で、①**化学的酸素要求量(COD)**、②**窒素**、③**りん**が定められています(水質汚濁防止法施行令第4条の2)。

3 指定水域

　総量規制の対象となる水域で、①**東京湾**、②**伊勢湾**、③**瀬戸内海**が定められています(水質汚濁防止法施行令第4条の2)。

4 指定地域

　総量規制の対象となる地域で、指定水域の水質の汚濁に関係ある地域(指定水域に汚濁負荷量の高い水を流入させ得る地域)です。たとえば東京湾の場合は、埼玉県、千葉県、東京都、神奈川県内の区域が指定地域として定められています(水質汚濁防止法施行令第4条の2、別表第2)。

5 指定地域内事業場

　指定地域内の特定事業場で、1日当たりの平均的な排出水の

量（**日平均排水量**）が**50m³以上**のものをいいます（水質汚濁防止法施行規則第1条の4）。

◉**総量削減基本方針・総量削減計画・総量規制基準**

　総量削減は次のような仕組みで実施されます。

　①**総量削減基本方針**※：環境大臣が、指定水域ごとに汚濁負荷量の総量の削減に関する基本方針（削減目標量、目標年度など）を定める。

　②**総量削減計画**：都道府県知事が、総量削減基本方針に基づき削減目標量を達成するための計画を定める。

　③**総量規制基準**：都道府県知事が、指定地域内事業場から排出される排出水の汚濁負荷量について、総量削減計画に基づき、総量規制基準を定める。

　指定地域内事業場の設置者は**総量規制基準の遵守**が義務付けられています（水質汚濁防止法第12条の2）。ただし、総量規制基準についての罰則規定はありません（2-12「命令・罰則」参照）。

　総量規制に関する用語が定められている水質汚濁防止法第4条の2を次に引用しておきます。

> （総量削減基本方針）
> 第4条の2　環境大臣は、人口及び産業の集中等により、生活又は事業活動に伴い排出された水が大量に流入する広域の公共用水域（ほとんど陸岸で囲まれている海域に限る。）であり、かつ、第3条第1項又は第3項の排水基準のみによっては環境基本法（平成5年法律第91号）第16条第1項の規定による<u>水質の汚濁に係る環境上の条件についての基準</u>（以下「水質環境基準」という。）<u>の確保が困難であると認められる水域</u>であって、第2条第2項第2号に規定する項目のうち<u>化学的酸素要求量その他の政令で定める項目</u>（以下「指定項目」という。）ごとに政令で定めるもの（以下「指定水域」という。）における指定項目に係る水質の汚濁の防止を図るため、<u>指定水域の水質の汚濁に関係のある地域</u>として指定水域ごとに政令で定める地域（以下「指定地域」という。）について、指定項目で表示した<u>汚濁負荷量</u>（以下単に「汚濁負荷量」という。）の総量の削減に関する基本方針（以下「総量削減基本方針」という。）を定めるものとする。

※：**総量削減基本方針**
2022年1月24日に「第9次総量削減基本方針」が環境大臣によって定められ、総量削減基本方針に基づき汚濁負荷量の削減が進められている（第4章4-4「総量規制の動向」参照）。

2 総量削減基本方針においては、削減の目標、目標年度その他汚濁負荷量の総量の削減に関する基本的な事項を定めるものとする。この場合において、削減の目標に関しては、当該指定水域について、当該指定項目に係る<u>水質環境基準を確保すること</u>を目途とし、第1号に掲げる総量が目標年度において第2号に掲げる総量となるように第3号の削減目標量を定めるものとする。

一 当該指定水域に流入する水の<u>汚濁負荷量の総量</u>

二 前号に掲げる総量につき、政令で定めるところにより、当該指定地域における人口及び産業の動向、汚水又は廃液の処理の技術の水準、下水道の整備の見通し等を勘案し、実施可能な限度において削減を図ることとした場合における総量

三 当該指定地域において公共用水域に排出される水の汚濁負荷量についての発生源別及び都道府県別の削減目標量（中間目標としての削減目標量を定める場合にあっては、その削減目標量を含む。）

3 環境大臣は、第一項の水域を定める政令又は同項の地域を定める政令の制定又は改廃の立案をしようとするときは、関係都道府県知事の意見を聴かなければならない。

4 環境大臣は、総量削減基本方針を定め、又は変更しようとするときは、関係都道府県知事の意見を聴くとともに、公害対策会議の議を経なければならない。

5 環境大臣は、総量削減基本方針を定め、又は変更したときは、これを関係都道府県知事に通知するものとする。

（中略）

（総量規制基準の遵守義務）

第12条の2 <u>指定地域内事業場の設置者</u>は、当該指定地域内事業場に係る<u>総量規制基準を遵守しなければならない。</u>

☑ ポイント

①総量規制は汚濁負荷量の総量を規制。

②指定項目は、❶COD、❷窒素、❸りん。

③指定水域は、❶東京湾、❷伊勢湾、❸瀬戸内海。

④規制対象は、指定地域内の特定事業場（日平均排水量50m³以上）。

練習問題

問2　水質汚濁防止法に規定する総量削減基本方針に関する記述中，下線を付した箇所のうち，誤っているものはどれか。

総量削減基本方針においては，削減の目標，目標年度その他汚濁負荷量の総量
(1)
の削減に関する基本的な事項を定めるものとする。この場合において，削減の目標に関しては，当該指定水域について，当該指定項目に係る総量規制基準を確保
(2)
することを目途とし，第一号に掲げる総量が目標年度において第二号に掲げる総量となるように第三号の削減目標量を定めるものとする。

一　当該指定水域に流入する水の汚濁負荷量の総量
(1)

二　前号に掲げる総量につき，政令で定めるところにより，当該指定地域における人口及び産業の動向，汚水又は廃液の処理の技術の水準，下水道の整備の見
(3)　　　　　　　　　(4)　　　　　　　　　　　(5)
通し等を勘案し，実施可能な限度において削減を図ることとした場合における総量

三　当該指定地域において公共用水域に排出される水の汚濁負荷量についての発
(1)
生源別及び都道府県別の削減目標量(中間目標としての削減目標量を定める場合にあっては，その削減目標量を含む。)

解　説

水質汚濁防止法第4条の2第2項の条文がそのまま出題されています。

誤っているものは(2)の「総量規制基準」であり、正しくは「水質環境基準」です。

POINT

総量規制が閉鎖性水域の環境基準を達成するために導入された規制であること、また、総量規制基準を満足しても環境基準が達成されない場合は、さらに厳しい規制基準が設定され、現在第8次の総量削減が進められていることを理解していれば、(2)の「総量規制基準」が論理的におかしいことがわかります。すなわち、確保すべきは水域の「水質環境基準」であり、総量規制基準の遵守はそのための対策です。

　総量削減基本方針の条文については試験制度変更（平成 18 年度）以降で 2 度出題されていますが、上記のように容易に正解を見付けることができるサービス問題なので、条文を丸暗記するよりも総量規制の内容を理解することをおすすめします。

正解 >> （2）

2-6 地下浸透規制

　ここでは「地下浸透規制」について解説します。排水規制は排出水に係る規制でしたが、地下浸透規制は事業場での地下への浸透水に係る規制です。「特定地下浸透水」などの用語について理解しておきましょう。

1 特定地下浸透水

　事業場において有害物質を含む水を地下に浸透させないための規制です。

　地下浸透規制に関連する用語は前述の定義に定められていました。条文をここでもう一度引用します。

> （定義）
> 第2条（中略）
> 8　この法律において「特定地下浸透水」とは、有害物質を、その施設において製造し、使用し、又は処理する特定施設（指定地域特定施設を除く。以下「有害物質使用特定施設」という。）を設置する特定事業場（以下「有害物質使用特定事業場」という。）から地下に浸透する水で有害物質使用特定施設に係る汚水等（これを処理したものを含む。）を含むものをいう。
> （中略）
> （特定地下浸透水の浸透の制限）
> 第12条の3　有害物質使用特定事業場から水を排出する者（特定地下浸透水を浸透させる者を含む。）は、第8条の環境省令で定める要件に該当する特定地下浸透水を浸透させてはならない。

　なお、第8条の環境省令で定める要件とは、水質汚濁防止法施行規則第6条の2において「環境大臣が定める方法※により（中略）検定した場合において、当該有害物質が検出されること」とされています。

　したがって、**有害物質使用特定事業場から水を排出する者（特定地下浸透水を浸透させる者を含む）**は、検定により有害物質

※：環境大臣が定める方法
「水質汚濁防止法施行規則第6条の2の規定に基づく環境大臣が定める検定方法」に定められている（平成元年8月21日環境庁告示39号）。この告示には、有害物質の検定方法（JIS規格等）とその検定方法による定量下限の値が示されている。「当該有害物質が検出されること」とは、定量下限以上の濃度で有害物質が検出される場合である。この値は一般に「地下浸透基準」「浸透基準」と呼ばれる。

が検出される濃度（**地下浸透基準を超える**）の水を地下に浸透させてはならないことが義務付けられています。

> **✅ ポイント**
>
> ①特定地下浸透水とは、有害物質を含む可能性のある水（有害物質使用特定施設を設置する有害物質使用特定事業場から地下に浸透する水）。
> ②地下浸透基準（検定により検出される濃度）を超える水を地下に浸透させてはならない。

2-7 構造等規制

ここでは「構造等規制」について解説します。前項の地下浸透規制の一部といえますが、新たに導入された規制のため、出題頻度は高い傾向にあります。規制の対象となる施設や点検項目などについて理解しておきましょう。

1 構造等規制の導入

前項でみたように有害物質の地下浸透は禁止されていましたが、地下水汚染の事例が継続的に確認されたことを踏まえ、水質汚濁防止法の一部が改正され**構造等規制**の制度が導入されました(2012(平成24)年6月施行)。

有害物質を使用、貯蔵等する施設の設置者に対し、地下浸透防止のための**構造、設備及び使用の方法に関する基準の遵守義務、定期点検及び結果の記録・保存の義務**等の規定が新たに設けられました。

水質汚濁防止法第12条の4では次のように定められています。

> (有害物質使用特定施設等に係る構造基準等の遵守義務)
> 第12条の4　有害物質使用特定施設を設置している者(当該有害物質使用特定施設に係る特定事業場から特定地下浸透水を浸透させる者を除く。第13条の3及び第14条第5項において同じ。)又は<u>有害物質貯蔵指定施設</u>を設置している者は、当該有害物質使用特定施設又は有害物質貯蔵指定施設について、有害物質を含む水の地下への浸透の防止のための<u>構造、設備及び使用の方法に関する基準として環境省令で定める基準を遵守しなければならない。</u>

2 規制の対象者と構造基準等

上記に示されているように、構造等規制の対象者は

①**有害物質使用特定施設の設置者**

②**有害物質貯蔵指定施設[※]の設置者**

※：有害物質貯蔵指定施設

有害物質貯蔵指定施設とは、指定施設(有害物質を貯蔵するものに限る。)であって指定施設から有害物質を含む水が地下に浸透するおそれがあるものとして政令で定めるものをいう(水質汚濁防止法第5条第3項)。政令(施行令第4条の4)では、有害物質を含む液状の物を貯蔵する指定施設とされている。なお、指定施設については水質汚濁防止法第2条第4項に定義されている(後述の2-10「事故時の措置」参照)。

※：有害物質使用特定施設と有害物質貯蔵指定施設

有害物質使用特定施設は、有害物質を製造、使用、処理する施設（水質汚濁防止法第2条第8項）のことであり、指定施設は、有害物質を貯蔵、使用し、指定物質を製造、貯蔵、使用、処理する施設（水質汚濁防止法第2条第4項）のことである。

有害物質の地下浸透防止対策で構造基準等を定めるときに、有害物質使用特定施設の定義の中に「貯蔵」が規定されていないため、有害物質を貯蔵する施設が規制の対象にできない状況にあった。ちょうどそのころ、指定物質が制定され、その取扱い施設として指定物質を製造、貯蔵、使用、処理する施設として指定施設が定義（水質汚濁防止法第2条第4項）されていたので、「指定施設」の貯蔵の定義を利用して、有害物質貯蔵指定施設が定義された。この結果、有害物質使用特定施設と有害物質貯蔵指定施設が地下水防汚染防止対策の規制対象施設となった。

※：漏えいを目視により容易に確認できるものである場合

これに該当する場合は、床面や周囲の構造基準等の地下浸透防止対策が不要となる。漏えいの有無を確認すればよい。

です。これらの設置者が守らなければならない環境省令で定める基準（構造基準等）は、水質汚濁防止法施行規則の第8条の2から第8条の7に定められています。水質汚濁防止法において新しく導入された規制のため、ここ数年は出題頻度が高いので、少々長いですが条文を引用します。

（有害物質使用特定施設等に係る構造基準等）

第8条の2 法第12条の4の環境省令で定める基準は、次条から第8条の7までに定めるとおりとする。

（施設本体の床面及び周囲の構造等）

第8条の3 有害物質使用特定施設※又は有害物質貯蔵指定施設※の本体（第8条の6に規定する地下貯蔵施設を除く。以下「施設本体」という。）が設置される床面及び周囲は、有害物質を含む水の地下への浸透及び施設の外への流出を防止するため、次の各号のいずれかに適合するものであることとする。ただし、施設本体が設置される床の下の構造が、床面からの有害物質を含む水の漏えいを目視により容易に確認できるものである場合※にあっては、この限りでない。

　一 次のいずれにも適合すること。

　　イ 床面は、コンクリート、タイルその他の不浸透性を有する材料による構造とし、有害物質を含む水の種類又は性状に応じ、必要な場合は、耐薬品性及び不浸透性を有する材質で被覆が施されていること。

　　ロ 防液堤、側溝、ためます若しくはステンレス鋼の受皿又はこれらと同等以上の機能を有する装置（以下「防液堤等」という。）が設置されていること。

　二 前号に掲げる措置と同等以上の効果を有する措置が講じられていること。

（配管等の構造等）

第8条の4 有害物質使用特定施設又は有害物質貯蔵指定施設に接続する配管、継手類、フランジ類、バルブ類及びポンプ設備（有害物質を含む水が通る部分に限る。以下「配管等」という。）は、有害物質を含む水の漏えい若しくは地下への浸透（以下「漏えい等」という。）を防止し、又は漏えい等があった場合に漏えい等を確認するため、次の各号のいずれかに適合するものであることとする。

　一 配管等を地上に設置する場合は、次のイ又はロのいずれかに適合すること。

　　イ 次のいずれにも適合すること。

　　　(1) 有害物質を含む水の漏えいの防止に必要な強度を有すること。

(2)　有害物質により容易に劣化するおそれのないものであること。

(3)　配管等の外面には、腐食を防止するための措置が講じられていること。ただし、配管等が設置される条件の下で腐食するおそれのないものである場合にあっては、この限りでない。

ロ　有害物質を含む水の漏えいが目視により容易に確認できるように床面から離して設置されていること。

二　配管等を地下に設置する場合は、次のいずれかに適合すること。

イ　次のいずれにも適合すること。

(1)　トレンチの中に設置されていること。

(2)　(1)のトレンチの底面及び側面は、コンクリート、タイルその他の不浸透性を有する材料によることとし、底面の表面は、有害物質を含む水の種類又は性状に応じ、必要な場合は、耐薬品性及び不浸透性を有する材質で被覆が施されていること。

ロ　次のいずれにも適合すること。

(1)　有害物質を含む水の漏えいの防止に必要な強度を有すること。

(2)　有害物質により容易に劣化するおそれのないものであること。

(3)　配管等の外面には、腐食を防止するための措置が講じられていること。ただし、配管等が設置される条件の下で腐食するおそれのないものである場合にあっては、この限りでない。

ハ　イ又はロに掲げる措置と同等以上の効果を有する措置が講じられていること。

（排水溝等の構造等）

第8条の5　有害物質使用特定施設又は有害物質貯蔵指定施設に接続する排水溝、排水ます及び排水ポンプ等の排水設備（有害物質を含む水が通る部分に限る。以下「排水溝等」という。）は、有害物質を含む水の地下への浸透を防止するため、次の各号のいずれかに適合するものであることとする。

一　次のいずれにも適合すること。

イ　有害物質を含む水の地下への浸透の防止に必要な強度を有すること。

ロ　有害物質により容易に劣化するおそれのないものであること。

ハ　排水溝等の表面は、有害物質を含む水の種類又は性状に応じ、必要な場合は、耐薬品性及び不浸透性を有する材質で被覆が施されていること。

　　二　前号に掲げる措置と同等以上の効果を有する措置が講じられて
　　　いること。
（地下貯蔵施設の構造等）
第8条の6　有害物質貯蔵指定施設のうち地下に設置されているもの
　　（以下「地下貯蔵施設」という。）は、有害物質を含む水の漏えい等を
　　防止するため、次の各号のいずれかに適合するものであることとす
　　る。
　　一　次のいずれにも適合すること。
　　　イ　タンク室内に設置されていること、二重殻構造であることそ
　　　　の他の有害物質を含む水の漏えい等を防止する措置を講じた構
　　　　造及び材質であること。
　　　ロ　地下貯蔵施設の外面には、腐食を防止するための措置が講じ
　　　　られていること。ただし、地下貯蔵施設が設置される条件の下
　　　　で腐食するおそれのないものである場合にあっては、この限り
　　　　でない。
　　　ハ　地下貯蔵施設の内部の有害物質を含む水の量を表示する装置
　　　　を設置することその他の有害物質を含む水の量を確認できる措
　　　　置が講じられていること。
　　二　前号に掲げる措置と同等以上の効果を有する措置が講じられて
　　　いること。
（使用の方法）
第8条の7　有害物質使用特定施設又は有害物質貯蔵指定施設の使用の
　　方法は、次の各号のいずれにも適合することとする。
　　一　次のいずれにも適合すること。
　　　イ　有害物質を含む水の受入れ、移替え及び分配その他の有害物
　　　　質を含む水を扱う作業は、有害物質を含む水が飛散し、流出し、
　　　　又は地下に浸透しない方法で行うこと。
　　　ロ　有害物質を含む水の補給状況及び設備の作動状況の確認その
　　　　他の施設の運転を適切に行うために必要な措置を講ずること。
　　　ハ　有害物質を含む水が漏えいした場合には、直ちに漏えいを防
　　　　止する措置を講ずるとともに、当該漏えいした有害物質を含む
　　　　水を回収し、再利用するか、又は生活環境保全上支障のないよ
　　　　う適切に処理すること。
　　二　前号に掲げる使用の方法並びに使用の方法に関する点検の方法
　　　及び回数を定めた管理要領が明確に定められていること。

　　施設や配管などの構造について細かく定められていますが、
要約すると次のように構造基準等の遵守が義務付けられていま
す。

◉有害物質使用特定施設・有害物質貯蔵指定施設の床面及び周囲

　施設設置場所の**床面及び周囲**は、有害物質を含む水の地下への浸透及び施設の外への流出を防止できる**材質及び構造とすること**とされています。

◉有害物質使用特定施設・有害物質貯蔵指定施設の施設本体に付帯する配管等

　施設本体に付帯する**配管等を地上に設置する場合**は、有害物質を含む水の漏えいを防止できる**材質及び構造**とするか、又は漏えいがあった場合に**漏えいを確認できる構造**とすることとされています。

　配管等を地下に設置する場合は、有害物質を含む水の漏えい又は地下への浸透(以下「漏えい等」という。)を防止できる**構造及び材質**とするか、又は漏えい等があった場合に**漏えい等を確認できる構造**とすることとされています。

◉排水溝等

　施設本体に付帯する排水系統の設備(**排水溝等**)は、有害物質を含む水の地下への浸透を防止できる**構造及び材質**とすることとされています。

◉地下貯蔵施設

　地下貯蔵施設(有害物質貯蔵指定施設のうち地下に設置されているもの)は、有害物質を含む水の漏えい等を防止できる**構造及び材質**とすることとされています。

◉使用の方法

・有害物質を含む水の**受け入れ、移し替え、分配等の作業**は、有害物質を含む水が飛散し、流出し、地下に浸透しない方法で行うこと

第1章
第2章
第3章
第4章
第5章
第6章
第7章
第8章

・有害物質を含む水の**補給状況や設備の作動状況の確認等、施設の運転**を適切に行うこと

・有害物質を含む水が**漏えいした場合**には、直ちに漏えいを防止する措置を講じるとともに、漏えいした有害物質を含む水を回収し、再利用するか又は生活環境保全上支障のないよう適切に処理すること

3 定期点検

　有害物質使用特定施設、有害物質貯蔵指定施設の設置者には、定期点検及びその結果の記録、保存が義務付けられています（水質汚濁防止法第14条第5項）。

（排出水の汚染状態の測定等）

第14条（中略）

　5　有害物質使用特定施設を設置している者又は有害物質貯蔵指定施設を設置している者は、当該有害物質使用特定施設又は有害物質貯蔵指定施設について、環境省令※で定めるところにより、定期に点検し、その結果を記録し、これを保存しなければならない。

※：環境省令
水質汚濁防止法施行規則第9条の2の2（別表第1）、第9条の2の3では、点検事項及び回数、点検結果の記録及び保存について定められている。たとえば、施設本体が設置される床面及び周囲では、1年に1回以上、床面のひび割れ、被覆の損傷その他の異常の有無を点検することが定められている。

　定期点検は、目視等により施設設置場所の床面及び周囲、施設本体、付帯する配管等、排水溝等、地下貯蔵施設について、環境省令の定めに応じた事項及び回数で行い、その結果等を記録し、これを**3年間**保存することとされています。

☑ ポイント

①構造等規制は地下浸透防止のための規制。

②規制対象者は、有害物質使用特定施設、有害物質貯蔵指定施設の設置者。

③施設床面や配管などに構造、材質などの基準が規定されている。

④定期点検及びその結果の記録、保存（3年間）が定められている。

練習問題

平成27・問3

問3　水質汚濁防止法に規定する有害物質使用特定施設又は有害物質貯蔵指定施設等
に係る構造基準等の遵守義務に関して，環境省令で定められていないものはどれか。

(1)　施設本体の床面及び周囲の構造等

(2)　配管等の構造等

(3)　排水溝等の構造等

(4)　地下貯蔵施設の構造等

(5)　工業用水道施設の構造等

解　説

有害物質使用特定施設又は有害物質貯蔵指定施設の構造基準等の遵守義務については、水質汚濁防止法第12条の4に規定され、具体的内容は同施行規則（環境省令）の第8条の3〜第8条の7に規定されています。条文の見出しは次のとおりです。

・第8条の3　施設本体の床面及び周囲の構造等

・第8条の4　配管等の構造等

・第8条の5　排水溝等の構造等

・第8条の6　地下貯蔵施設の構造等

・第8条の7　使用の方法

したがって、(5)の「工業用水道施設の構造等」については定められていません。

POINT

上記の条文を記憶していなくても、この規制の目的は「有害物質を含む水の地下への浸透の防止」であることから、(1)〜(4)はいずれも地下浸透に関係する内容なのに対して、(5)の工業用水道施設から有害物質を含む水が発生するとは考えにくいので、構造基準等が定められていないことが類推できます。

正解 >> （5）

練習問題

問3 水質汚濁防止法に規定する有害物質貯蔵指定施設に関する記述中，下線を付した箇所のうち，誤っているものはどれか。

有害物質貯蔵指定施設のうち地下に設置されているもの（以下「地下貯蔵施設」という。）は，有害物質を含む水の漏えい等を防止するため，次の各号のいずれかに適合するものであることとする。
(1)

一 次のいずれにも適合すること。

イ タンク室内に設置されていること，二重殻構造であることその他の有害物
(2)　　　　　　　　　　　　　　(3)
質を含む水の漏えい等を防止する措置を講じた構造及び材質であること。
(1)

ロ 地下貯蔵施設の外面には，腐食を防止するための措置が講じられているこ
(4)
と。ただし，地下貯蔵施設が設置される条件の下で腐食するおそれのないも
(4)
のである場合にあっては，この限りでない。

ハ 地下貯蔵施設の内部の有害物質を含む水の濃度を表示する装置を設置する
(5)
ことその他の有害物質を含む水の濃度を確認できる措置が講じられているこ
(5)
と。

二 （略）

解 説

「有害物質使用特定施設」の定義が「製造、使用、処理」に限定されていて、「貯蔵」が含まれないため、有害物質の「貯蔵施設」について規制するために定義された「有害物質貯蔵指定施設」の構造基準についての出題です。

水質汚濁防止法施行規則第8条の6の条文を引用しての問題です。

有害物質貯蔵指定施設のうち地下に設置されているもの（以下「地下貯蔵施設」という。）は，有害物質を含む水の(1)漏えい等を防止するため，次の各号のいずれかに適合するものであることとする。

一 次のいずれにも適合すること。

イ (2)タンク室内に設置されていること、(3)二重殻構造であることその他の

有害物質を含む水の(1)漏えい等を防止する措置を講じた構造及び材質であること。

ロ　地下貯蔵施設の外面には、(4)腐食を防止するための措置が講じられていること。ただし、地下貯蔵施設が設置される条件の下で(4)腐食するおそれのないものである場合にあっては、この限りでない。

ハ　地下貯蔵施設の内部の有害物質を含む水の(5)量を表示する装置を設置することその他の有害物質を含む水の(5)量を確認できる措置が講じられていること。

二　前号に掲げる措置と同等以上の効果を有する措置が講じられていること。

したがって、(5)の「濃度」は誤りで「量」が正しいので(5)が正解です。

|POINT|

　法の目的が「有害物質を含む水の地下浸透防止」であり、本条文の規定は、貯蔵施設からの漏洩した場合の地下浸透防止の措置であることから、貯槽中の「濃度」が有害物質の地下浸透基準を超える場合は、濃度によらず規制の対象となることから濃度を表示しておく意味はないので、「(5)濃度」が誤りであることは容易に推定できます。

正解 >> （5）

練習問題

問2　水質汚濁防止法に基づき，工場又は事業場から地下に有害物質使用特定施設に係る汚水等（これを処理したものを含む。）を含む水を浸透させる者が，有害物質使用特定施設を設置しようとするときに，届け出なければならない事項に該当しないものはどれか。

(1)　有害物質使用特定施設の使用の方法

(2)　汚水等の処理の方法

(3)　貯蔵される有害物質に係る搬入及び搬出の系統

(4)　特定地下浸透水の浸透の方法

(5)　特定地下浸透水に係る用水及び排水の系統

| 解　説 ▶

本問は、水質汚濁防止法第5条の「特定施設等の設置の届出」の第2項の「有害物質使用特定施設の設置」の規定からの出題です。

設問の(1)(2)(4)は、それぞれ第2項の第五号、第六号、第七号に該当し、(5)は第八号の「その他環境省令で定める事項」に基づく施行規則第3条第2項に該当します。

したがって、(3)の「貯蔵される有害物質に係る搬入及び搬出の系統」が、どこにも届出するとの記載がないので正解です。

| POINT ▶

設問の(3)の「貯蔵される有害物質に係る搬入及び搬出の系統」は、水質汚濁防止法施行令第4条の4の規定より、「有害物質貯蔵指定施設であって、有害物質を含む水が地下に浸透するおそれがある場合」です。（法第5条第3項→施行令第4条の4）

正解 ≫　(3)

練習問題

問2　水質汚濁防止法に規定する有害物質貯蔵指定施設のうち地下に設置されている
施設に関する記述中，下線を付した箇所のうち，誤っているものはどれか。

有害物質貯蔵指定施設のうち地下に設置されているもの(以下「地下貯蔵施設」
という。)は，有害物質を含む水の漏えい等を防止するため，次の各号のいずれか
に適合するものであることとする。

一　次のいずれにも適合すること。

イ　<u>タンク室内に設置されていること</u>，<u>高床式構造であること</u>その他の有害物
(1)　　　　　　　　　　　　　　　　(2)
質を含む水の漏えい等を<u>防止する措置</u>を講じた構造及び材質であること。
(3)

ロ　(略)

ハ　地下貯蔵施設の内部の有害物質を含む水の量を<u>表示する装置</u>を設置するこ
(4)
とその他の有害物質を含む水の量を<u>確認できる措置</u>が講じられていること。
(5)

二　(略)

| 解　説 |

　水質汚濁防止法の適用を受ける「特定施設」「指定施設」については毎年のよう
にいろいろな角度から出題されています。本問は、水質汚濁防止法施行規則第8条
の6から、地下貯蔵施設の設備基準についての出題です。

　水質汚濁防止法施行規則第8条の6の条文を正しく記憶していれば、(2)は「二
重殻構造」で「高床式構造」が誤りであることはすぐにわかる問題です。

　一般には、このような重箱の隅をつつくようなことまで記憶しておくのは無理で
す。しかしながら、次のように思いつけば、条文を覚えていなくても正解を見付け
ることができます。

　設問の「地下タンク」は、地下のコンクリートで囲まれた室内に設置してあるタ
ンクなので、「高床式構造」の表現は奇異に感じます。高床式にしたところで、タ

ンクの腐食等が起きた場合はコンクリートの室内に漏洩し土壌汚染につながるので、タンクを腐食させない、あるいは腐食しない材質でタンクをつくることが根本的な対策です。このことから、地下タンクは二重殻構造に、配管などは金属配管の内側、又は外側に耐食性の樹脂コーティングする方法が用いられています。

正解 >> （2）

2-8 特定施設等の届出

ここでは「特定施設等の届出」について解説します。届出の対象となる施設、届出の種類、届出項目について理解しておきましょう。

1 届出制度

特定施設等の施設の設置や廃止等をする場合、**都道府県知事**（又は政令で定める市の長）に**届け出なければならない**とされています。この届出により、都道府県知事等が特定施設等の状況を把握するとともに、届出事項につき審査を行い、公共用水域及び地下水の水質への影響を事前に十分検討したうえで、不適合が認められる場合には、特定施設等の設置に関する**計画の変更や廃止などを命ずる**ことができます。

主な届出について種類ごとに示します。

2 設置の届出

各施設を設置しようとする場合の**事前の届出**で、工事着手の**60日前**までに届け出ることとなっています。

① **特定施設**：工場又は事業場から公共用水域に水を排出する者が、特定施設を設置しようとするとき（法第5条第1項）

② **有害物質使用特定施設**：工場又は事業場から地下に有害物質使用特定施設に係る汚水等を含む水を浸透させる者が、有害物質使用特定施設を設置しようとするとき（法第5条第2項）

③ **有害物質使用特定施設**（第1項・第2項を除く）※、**有害物質貯蔵指定施設**を設置しようとするとき（法第5条第3項）

※：有害物質使用特定施設（第1項・第2項を除く）

① ② の第5条第1項、第2項の届出義務のない「工場又は事業場」に設置される「有害物質使用特定施設」のこと。例えば、雨水を含めた排水の全量を下水道に排出する施設など。

3 使用の届出（経過措置）

　すでに設置されている施設が、法改正により特定施設等に定められたときの届出で、定められてから**30日以内**に届け出ることとなっています（法第6条）。

4 変更の届出

　上記の特定施設等の構造・使用方法・汚水等の処理方法・排出水の汚染状態及び量を変更しようとするときの**事前の届出**で、工事着手の**60日前**までに届け出ることとなっています（法第7条）。

5 使用廃止・氏名等変更・承継の届出

　特定施設等の使用の廃止、届出者や工場又は事業場の名称・住所等の変更、特定施設等の譲り受け又は借り受けたときなどの届出で、事後**30日以内**に届け出ることとなっています（法第10条、第11条第3項）。

☑ ポイント

①特定施設等を設置するには事前に都道府県知事等に届け出なければならない。

②対象となる施設は、特定施設、有害物質使用特定施設、有害物質貯蔵指定施設。

③施設を新たに設置する場合、構造・使用方法・汚水等の処理方法などの大きな変更の場合は、事前（60日前）に届け出る。

④施設の使用廃止、氏名・住所等のなどの軽微な変更の場合は事後（30日以内）に届け出る。

練習問題

問6　水質汚濁防止法において，特定施設を設置する工場又は事業場から公共用
　　水域に排出される水（排出水）の規制に関する記述として，誤っているものは
　　どれか。
　　(1)　特定施設を新設する場合は，設置の60日前までに特定施設の種類及び構
　　　　造，汚水等の処理方法等を届け出なければならない。
　　(2)　既設の特定施設の構造，使用方法等を変更する場合は，変更後，変更内
　　　　容を届け出ればよい。
　　(3)　都道府県は，国が定める一律排水基準より厳しい排水基準を条例により
　　　　設けることができる。
　　(4)　濃度基準に違反すると，直ちに罰則が適用される。
　　(5)　総量規制基準に違反しても，直ちに罰則は適用されない。
※一部現状に合わせ改変

解　説

　水質汚濁防止法について広い範囲からの出題です。
　(2)の特定施設の構造、使用方法等を変更する場合は、工事着手の60日前までに
届け出ることが定められています。「変更後」ではありません。

POINT

　本問は水質汚濁防止法のポイントがまとめられていますので、各選択肢の内容も
記憶しておきましょう。
　(1)も届出に関する記述であり、特定施設等を新設する場合も工事着手の60日前
までに届け出ることとされています。
　(3)は前述の2-4「排水基準」の上乗せ排水基準に関する記述です。
　(4)(5)は罰則についての記述です（後述の2-12「命令・罰則」参照）。通常、環境
規制等において違反が発覚した場合、まずは行政指導が行われ、従わない場合は改
善命令が出されます。改善命令に従わない場合に罰則が適用されます。しかしなが
ら、水質汚濁防止法では、排水基準、すなわち、排出水が濃度基準を超えたという
事実をもって罰則が適用されます。これを「直罰規定」といいます。大気汚染防止

法も同様で、煙突の出口濃度が排出基準を超えた事実をもって罰則が適用されます（ただし、過去の事例をみると、直罰規定を適用するか否かは行政の裁量にゆだねられることが多い）。

　排水基準は排水口における排出水の濃度で規制されるもので、工場・事業場の立地条件や規模の大小にかかわりなく、特定施設を設置している工場・事業場に公平に適用される基準です。一方、総量規制は、閉鎖性水域の水質汚濁に関係する指定地域に立地する特定施設を設置している工場・事業場のみに適用される規制です。すなわち、立地場所によって追加で規制される公平性を欠く規制ということができます。そのため、総量規制には直罰規定は適用されません（通常の行政指導、改善命令の手続がとられる）。

正解 >> （2）

6 届出事項

　上記の各届出には届出事項や様式が定められています。国家試験では届出事項について問われたこともありますので、特定施設等の設置の届出に関する届出事項に関する条文を次に引用します。

（特定施設等の設置の届出）

第5条　工場又は事業場から公共用水域に水を排出する者は、特定施設を設置しようとするときは、環境省令で定めるところにより、次の事項（特定施設が有害物質使用特定施設に該当しない場合又は次項の規定に該当する場合にあっては、第5号を除く。）を都道府県知事に届け出なければならない。

　一　氏名又は名称及び住所並びに法人にあっては、その代表者の氏名

　二　工場又は事業場の名称及び所在地

　三　特定施設の種類

　四　特定施設の構造

　五　特定施設の設備

　六　特定施設の使用の方法

　七　汚水等の処理の方法

　八　排出水の汚染状態及び量（指定地域内の工場又は事業場に係る場合にあっては、排水系統別の汚染状態及び量を含む。）

　九　その他環境省令で定める事項※

　　　※環境省令で定める事項（水質汚濁防止法施行規則第3条第1項）

　　　　第3条　法第5条第1項第9号の環境省令で定める事項は、排出水に係る用水及び排水の系統とする。

2　工場又は事業場から地下に有害物質使用特定施設に係る汚水等（これを処理したものを含む。）を含む水を浸透させる者は、有害物質使用特定施設を設置しようとするときは、環境省令で定めるところにより、次の事項を都道府県知事に届け出なければならない。

　一　氏名又は名称及び住所並びに法人にあっては、その代表者の氏名

　二　工場又は事業場の名称及び所在地

　三　有害物質使用特定施設の種類

　四　有害物質使用特定施設の構造

　五　有害物質使用特定施設の使用の方法

　六　汚水等の処理の方法

　七　特定地下浸透水の浸透の方法

八　その他環境省令で定める事項

※環境省令で定める事項(水質汚濁防止法施行規則第3条第2項)

2　法第5条第2項第8号の環境省令で定める事項は、特定地下浸透水に係る用水及び排水の系統とする。

3　工場若しくは事業場において有害物質使用特定施設を設置しようとする者(第1項に規定する者が特定施設を設置しようとする場合又は前項に規定する者が有害物質使用特定施設を設置しようとする場合を除く。)又は工場若しくは事業場において有害物質貯蔵指定施設(指定施設(有害物質を貯蔵するものに限る。)であって当該指定施設から有害物質を含む水が地下に浸透するおそれがあるものとして政令で定めるものをいう。以下同じ。)を設置しようとする者は、環境省令で定めるところにより、次の事項を都道府県知事に届け出なければならない。

一　氏名又は名称及び住所並びに法人にあっては、その代表者の氏名

二　工場又は事業場の名称及び所在地

三　有害物質使用特定施設又は有害物質貯蔵指定施設の構造

四　有害物質使用特定施設又は有害物質貯蔵指定施設の設備

五　有害物質使用特定施設又は有害物質貯蔵指定施設の使用の方法

六　その他環境省令で定める事項

※環境省令で定める事項(水質汚濁防止法施行規則第3条第3項)

3　法第5条第3項第6号の環境省令で定める事項は、有害物質使用特定施設にあっては、その施設において製造され、使用され、又は処理される有害物質に係る用水及び排水の系統、有害物質貯蔵指定施設にあっては、その施設において貯蔵される有害物質に係る搬入及び搬出の系統とする。

　要約すると、次の項目が届出項目として定められていることになります。以下の項目の共通事項は覚えておきましょう。

●特定施設
①氏名又は名称及び住所並びに法人にあっては、その代表者の氏名
②工場又は事業場の名称及び所在地
③特定施設の種類
④特定施設の構造

⑤特定施設の設備

⑥特定施設の使用の方法

⑦汚水等の処理の方法

⑧排出水の汚染状態及び量（指定地域内の工場又は事業場に
　係る場合にあっては、排水系統別の汚染状態及び量を含
　む。）

⑨排出水に係る用水及び排水の系統

●有害物質使用特定施設

①氏名又は名称及び住所並びに法人にあっては、その代表者
　の氏名

②工場又は事業場の名称及び所在地

③有害物質使用特定施設の種類

④有害物質使用特定施設の構造

⑤有害物質使用特定施設の使用の方法

⑥汚水等の処理の方法

⑦特定地下浸透水の浸透の方法

⑧特定地下浸透水に係る用水及び排水の系統

●有害物質使用特定施設（上記の特定施設及び有害物質使用特
　定施設を設置しようとする者を除く）・有害物質貯蔵指定施
　設

①氏名又は名称及び住所並びに法人にあっては、その代表者
　の氏名

②工場又は事業場の名称及び所在地

③有害物質使用特定施設又は有害物質貯蔵指定施設の構造

④有害物質使用特定施設又は有害物質貯蔵指定施設の設備

⑤有害物質使用特定施設又は有害物質貯蔵指定施設の使用の
　方法

⑥有害物質使用特定施設において製造され、使用され、又は
　処理される有害物質に係る用水及び排水の系統

⑦有害物質貯蔵指定施設において貯蔵される有害物質に係る搬入及び搬出の系統

参考までに、特定施設等の設置(使用、変更)届出書の様式を図1に示します。

図1 特定施設等の設置(変更、使用)届出書の様式

様式第 1(第 3 条関係)(表面)
(全部改正＝平24環令3、一部改正＝令2環令9・環令31)

特定施設(有害物質貯蔵指定施設)設置(使用、変更)届出書

年　　月　　日

都道府県知事
(市　　長) 殿

届出者　氏名又は名称及び住所並びに法
人にあってはその代表者の氏名

水質汚濁防止法第 5 条第 1 項、第 2 項又は第 3 項(第 6 条第 1 項又は第 2 項、第 7 条)の規定により、特定施設(有害物質貯蔵指定施設)について、次のとおり届け出ます。

	工場又は事業場の名称		※整理番号	
	工場又は事業場の所在地		※受理年月日	年　月　日
第5条第1項関係	特定施設の種類		※施設番号	
	有害物質使用特定施設の該当の有無	有 □　無 □	※審査結果	
	△特定施設の構造	別紙 1 のとおり。	※備考	
	△特定施設の設備(有害物質使用特定施設の場合に限る。)	別紙 1 の 2 のとおり。		
	△特定施設の使用の方法	別紙 2 のとおり。		
	△汚水等の処理の方法	別紙 3 のとおり。		
	△排出水の汚染状態及び量	別紙 4 のとおり。		
	△排出水の排水系統別の汚染状態及び量	別紙 5 のとおり。		
	△排出水に係る用水及び排水の系統	別紙 6 のとおり。		
第5条第2項関係	有害物質使用特定施設の種類			
	△有害物質使用特定施設の構造	別紙 7 のとおり。		
	△有害物質使用特定施設の使用の方法	別紙 8 のとおり。		
	△汚水等の処理の方法	別紙 9 のとおり。		
	△特定地下浸透水の浸透の方法	別紙 10 のとおり。		
	△特定地下浸透水に係る用水及び排水の系統	別紙 11 のとおり。		

☑ ポイント

①特定施設、有害物質使用特定施設、有害物質貯蔵指定施設の各施設の届出事項が定められている。

②各施設の届出事項が入れ替えられて出題する可能性があるので、各施設の特徴的な届出事項に注目して記憶しておく(名称、所在地などは共通事項)。

練習問題

問2　水質汚濁防止法に規定する有害物質貯蔵指定施設を工場若しくは事業場におい
て設置しようとする者が届け出なければならない事項として，定められていないも
のはどれか。

(1)　有害物質貯蔵指定施設の設備

(2)　有害物質貯蔵指定施設において貯蔵される有害物質に係る用水及び排水の系
統

(3)　有害物質貯蔵指定施設の構造

(4)　有害物質貯蔵指定施設の使用の方法

(5)　有害物質貯蔵指定施設において貯蔵される有害物質に係る搬入及び搬出の系
統

解　説

有害物質貯蔵指定施設の設置に係る届出事項は、水質汚濁防止法第5条第3項
第1号～第6号に定められています。

一　氏名又は名称及び住所並びに法人にあっては、その代表者の氏名

二　工場又は事業場の名称及び所在地

三　有害物質使用特定施設又は有害物質貯蔵指定施設の構造

四　有害物質使用特定施設又は有害物質貯蔵指定施設の設備

五　有害物質使用特定施設又は有害物質貯蔵指定施設の使用の方法

六　その他環境省令で定める事項

また、第6号の「その他環境省令で定める事項」として、水質汚濁防止法施行規
則第3条第3項において次のように定められています。

・有害物質貯蔵指定施設にあっては、その施設において貯蔵される有害物質に係
る搬入及び搬出の系統とする。

したがって、(2)は定められていません。

|POINT▶

　用水及び排水の系統は、有害物質使用特定施設の届出事項です。有害物質を含む水を貯蔵する施設で用水を使用するというのは考えにくく、また、排水が生じることも考えにくいので、有害物質貯蔵指定施設の届出事項ではないと類推することができます。

正解 >> （2）

2-9 排出水の汚染状態の測定等

　ここでは「排出水の汚染状態の測定等」について解説します。測定の対象となる水、測定頻度、採取時期、測定結果の記録の保存期間などについて理解しておきましょう。

1 排出水・特定地下浸透水の測定等

　排出水を排出し、又は**特定地下浸透水**を浸透させる者は、排出水又は特定地下浸透水の汚染状態を測定し、その結果を記録し、これを保存しなければなりません（水質汚濁防止法第14条第1項）。

① **測定項目・頻度**：排水基準に定められた事項のうち、特定施設等の設置の際に届け出たものについて、**1年に1回以上**と定められています（ただし、旅館業（温泉を利用するものに限る）は3年に1回以上）。都道府県等の条例で**より多い測定の回数**を定めることができます（水質汚濁防止法施行規則第9条第1号）。

② **採取時期**：測定しようとする排出水又は特定地下浸透水の**汚染状態が最も悪いと推定される時期及び時刻**に採取することとされています（水質汚濁防止法施行規則第9条第7号）。

③ **測定結果の記録・保存**：測定結果の記録は、水質測定記録表※により記録し、測定に伴い作成したチャートその他の資料及び計量法の登録を受けた者から交付を受けた計量証明書※があれば証明書とともに**3年間**保存することとされています（水質汚濁防止法施行規則第9条第8号・第9号）。

※：**水質測定記録表**
水質測定記録表は、水質汚濁防止法施行規則の様式第8（第9条関係）による。測定年月日、測定場所、測定項目・測定値等の記載欄がある。

※：**計量証明書**
計量証明事業所として都道府県知事に登録した分析試験所が発行できる、分析結果を記載した公的な証明に使える報告書。

2 汚濁負荷量の測定等

総量規制基準が適用されている**指定地域内事業場から排出水を排出する者**は、排出水の**汚濁負荷量**を測定し、その結果を記録し、これを保存しなければなりません(水質汚濁防止法第14条第2項)。

①**測定項目**:化学的酸素要求量(COD)、窒素含有量、りん含有量(水質汚濁防止法施行規則第9条の2第1項第1号)

②**測定頻度**:表1のとおり(水質汚濁防止法施行規則第9条の2第1項第2号)。

③**測定結果の記録・保存**:測定の結果は、汚濁負荷量測定記録表[※]により記録し、3年間保存することとされています(水質汚濁防止法施行規則第9条の2第1項第3号)。

※:**汚濁負荷量測定記録表**
汚濁負荷量測定記録表は、水質汚濁防止法施行規則の様式第9(第9条の2関係)による。測定年月日、汚染状態(mg/L)、排水量(m^3/日)、汚濁負荷量(kg/日)等の記載欄がある。

表1 測定頻度(汚濁負荷量)

日平均排水量	測定頻度
400m^3 以上	毎日
200m^3 以上 400m^3 未満	7 日を超えない排水の期間ごとに 1 回以上
100m^3 以上 200m^3 未満	14 日を超えない排水の期間ごとに 1 回以上
50m^3 以上 100m^3 未満	30 日を超えない排水の期間ごとに 1 回以上

[水質汚濁防止法施行規則第 9 条の 2 第 1 項第 2 号を要約]

> **✓ ポイント**
>
> ①排出水、特定地下浸透水の測定頻度は、原則1年に1回以上。
> ②採取時期は、汚染状態が最も悪いと推定される時期及び時刻。
> ③測定結果の記録は3年間保存。
> ④総量規制が適用される者は、汚濁負荷量の測定・記録・保存も義務付けられる。

2-10 事故時の措置

　ここでは「事故時の措置」について解説します。事故時の条件、対象となる施設、事業者に義務付けられていることなどについて理解しておきましょう。

1 概要

　施設の破損などの事故が発生し、有害物質等が河川等の公共用水域や地下に排出されたことにより、人の健康や生活環境に被害を生ずるおそれがあるときには、事故時の措置（応急の措置を講じるとともに、その事故の状況等を都道府県知事等に届け出る）をとることが義務付けられています（水質汚濁防止法第14条の2）。条文は次に示すとおりです。

（事故時の措置）[※]
第14条の2　特定事業場の設置者は、当該特定事業場において、特定施設の破損その他の事故が発生し、有害物質を含む水若しくはその汚染状態が第2条第2項第2号に規定する項目について排水基準に適合しないおそれがある水が当該特定事業場から公共用水域に排出され、又は有害物質を含む水が当該特定事業場から地下に浸透したことにより人の健康又は生活環境に係る被害を生ずるおそれがあるときは、直ちに、引き続く有害物質を含む水若しくは当該排水基準に適合しないおそれがある水の排出又は有害物質を含む水の浸透の防止のための応急の措置を講ずるとともに、速やかにその事故の状況及び講じた措置の概要を都道府県知事に届け出なければならない。
2　指定施設を設置する工場又は事業場（以下この条において「指定事業場」という。）の設置者は、当該指定事業場において、指定施設の破損その他の事故が発生し、有害物質又は指定物質を含む水が当該指定事業場から公共用水域に排出され、又は地下に浸透したことにより人の健康又は生活環境に係る被害を生ずるおそれがあるときは、直ちに、引き続く有害物質又は指定物質を含む水の排出又は浸透の防止のための応急の措置を講ずるとともに、速やかにその事故の状況及び講じた措置の概要を都道府県知事に届け出なければならない。
3　貯油施設等を設置する工場又は事業場（以下この条において「貯油

※：事故時の措置
事故により、排水基準を超える水を排出した場合は、速やかに応急の措置を講じて都道府県知事に報告すれば、排水基準違反の罰則は適用されない。

事業場等」という。)の設置者は、当該貯油事業場等において、貯油施設等の破損その他の事故が発生し、油を含む水が当該貯油事業場等から公共用水域に排出され、又は地下に浸透したことにより生活環境に係る被害を生ずるおそれがあるときは、直ちに、引き続く油を含む水の排出又は浸透の防止のための応急の措置を講ずるとともに、速やかにその事故の状況及び講じた措置の概要を都道府県知事に届け出なければならない。

4 都道府県知事は、特定事業場の設置者、指定事業場の設置者又は貯油事業場等の設置者が前3項の応急の措置を講じていないと認めるときは、これらの者に対し、これらの規定に定める応急の措置を講ずべきことを命ずることができる。

2 対象となる施設

条文が示すように、事故時の措置の対象となる施設は

①特定施設

②指定施設

③貯油施設等

となります。これら施設の設置者は、事故時※には応急の措置を講じ、事故時の状況等を**都道府県知事等に届け出る**ことが義務付けられています。

すでに①の特定施設については前述しましたので、ここでは②の指定施設、③の貯油施設等について解説します。

●指定施設

指定施設については前述の定義でも出てきました。条文をここでも再度引用しておきます。

（定義）

第2条（中略）

4 この法律において「指定施設」とは、有害物質を貯蔵し、若しくは使用し、又は有害物質及び次項に規定する油以外の物質であって公共用水域に多量に排出されることにより人の健康若しくは生活環境に係る被害を生ずるおそれがある物質として政令で定めるもの（第14条の2第2項において「指定物質」という。）を製造し、貯蔵し、使用し、若しくは処理する施設をいう。

※：事故時

条文に示すように「事故時」とは、施設の破損等により、

①有害物質を含む水が公共用水域へ排出

②生活環境項目（COD等）が排出基準に適合しないおそれがある水が公共用水域へ排出

③有害物質を含む水が地下に浸透

以上により人の健康又は生活環境に係る被害が生ずるおそれがあるときを指す。

つまり、指定施設とは、

①**有害物質**を貯蔵又は使用している施設

②**指定物質**を製造、貯蔵、使用又は処理する施設

のことです。なお、政令で定める「**指定物質**」とは、水質汚濁防止法施行令第3条の3第1号～第60号で定められています（表1）。国家試験では指定物質についてもよく出題されますので、数が多いですが一覧に目を通しておきましょう。

> **✓ ポイント**
>
> ①事故時とはどのような状況かを押さえておく。
> ②事故時の対象施設は、❶特定施設、❷指定施設、❸貯油施設等の3つ。
> ③指定施設の定義について押さえておく。
> ④指定物質として定められている物質を押さえておく。

表1 指定物質一覧(水質汚濁防止法施行令第3条の3)

号	物質名	号	物質名	号	物質名
1	ホルムアルデヒド	21	硫酸ジメチル	41	アラニカルブ
2	ヒドラジン	22	クロロピクリン	42	クロルデン
3	ヒドロキシルアミン	23	ジクロルボス（DDVP）	43	臭素
4	過酸化水素	24	オキシデプロホス（ESP）	44	アルミニウム及びその化合物
5	塩化水素	25	トルエン	45	ニッケル及びその化合物
6	水酸化ナトリウム	26	エピクロロヒドリン	46	モリブデン及びその化合物
7	アクリロニトリル	27	スチレン	47	アンチモン及びその化合物
8	水酸化カリウム	28	キシレン	48	塩素酸及びその塩
9	アクリルアミド	29	p-ジクロロベンゼン	49	臭素酸及びその塩
10	アクリル酸	30	フェノブカルブ（BPMC）	50	クロム及びその化合物（六価クロム化合物を除く）
11	次亜塩素酸ナトリウム	31	プロピザミド	51	マンガン及びその化合物
12	二硫化炭素	32	クロロタロニル（TPN）	52	鉄及びその化合物
13	酢酸エチル	33	フェニトロチオン（MEP）	53	銅及びその化合物
14	メチル-t-ブチルエーテル	34	イプロベンホス（IBP）	54	亜鉛及びその化合物
15	硫酸	35	イソプロチオラン	55	フェノール類及びその塩類
16	ホスゲン	36	ダイアジノン	56	ヘキサメチレンテトラミン（HMT）
17	1,2-ジクロロプロパン	37	イソキサチオン	57	アニリン
18	クロルスルホン酸	38	クロルニトロフェン（CNP）	58	ペルフルオロオクタン酸（PFOA）及びその塩
19	塩化チオニル	39	クロルピリホス	59	ペルフルオロ（オクタン-1-スルホン酸）（PFOS）及びその塩
20	クロロホルム	40	フタル酸ビス（2-エチルヘキシル）	60	直鎖アルキルベンゼンスルホン酸及びその塩

練習問題

問2　水質汚濁防止法に規定する指定物質に該当するものはどれか。

(1)　ポリ塩化ビフェニル

(2)　トリクロロエチレン

(3)　四塩化炭素

(4)　ベンゼン

(5)　ホルムアルデヒド

解　説

指定物質に該当する物質かどうかを問う問題です。

(5)のホルムアルデヒドは水質汚濁防止法施行令第3条の3第1号で指定物質に定められています（表1参照）。

POINT

事故時の措置の対象となる「指定施設」とは、①有害物質を貯蔵又は使用している施設、②指定物質を製造、貯蔵、使用又は処理する施設です。したがって、有害物質として定められている物質が指定物質に定められることはありません。

本問の(1)〜(4)は有害物質として定められている物質なので、(5)が指定物質になると判断できます。

指定物質に該当するかを問う問題はよく出題されます。指定物質は現在56物質が定められており、これを記憶するのは相当に困難なことです。しかし、出題のされ方は一般の物質を並べてその中から指定物質を選ぶようなものではありません。本問では他の4物質はすべて有害物質として定められている物質であり、有害物質を覚えていれば指定物質が判断できるような出題のされ方になっています。有害物質については 2-3「特定施設」表1参照。

正解 >> （5）

練習問題

問3　水質汚濁防止法に規定する指定物質に該当しないものはどれか。

(1) 酢酸エチル

(2) 塩化水素

(3) ジクロロメタン

(4) 硫酸

(5) キシレン

| 解　説 ▶

同じく指定物質に関する出題ですが、該当しない物質を問うています。

(3)のジクロロメタンは指定物質に該当しません（表1参照）。

| POINT ▶

(3)のジクロロメタンは、有害物質（水質汚濁防止法施行令第2条第11号）として定められている物質ですので、指定物質に該当しないと判断できます（2-3「特定施設」表1参照）。

正解 >> （3）

●貯油施設等

　貯油施設等についても定義に定められていました。ここでも引用します。

（定義）
第2条（中略）
5　この法律において「<u>貯油施設等</u>」とは、<u>重油その他の政令で定める油（以下単に「油」という。）を貯蔵し、又は油を含む水を処理する施設で政令で定めるもの</u>をいう。

　政令で定める油は水質汚濁防止法施行令第3条の4、政令で定めるもの（施設）は同法施行令第3条の5で次のように定められています。

（油）
第3条の4　法第2条第5項の政令で定める油は、次に掲げる油とする。
　　一　原油
　　二　重油
　　三　潤滑油
　　四　軽油
　　五　灯油
　　六　揮発油
　　七　動植物油
（貯油施設等）
第3条の5　法第2条第5項の政令で定める施設は、次に掲げる施設とする。
　　一　前条の油を貯蔵する貯油施設
　　二　前条の油を含む水を処理する油水分離施設

　つまり「貯油施設等」とは、
　①原油等の油を貯蔵する**貯油施設**
　②原油等の油を含む水を処理する**油水分離施設**
のことです。

練習問題

問3　水質汚濁防止法に規定する事故時の措置に関する記述中，下線を付した箇所の
うち，誤っているものはどれか。

　　　貯油施設等を設置する工場又は事業場(以下「貯油事業場等」という。)の設置者
は，当該貯油事業場等において，貯油施設等の破損その他の事故が発生し，油を
　　　　　　　　　　　　　　　(1)　　　　　　　　　　　　　　　　　　(2)
含む水が当該貯油事業場等から公共用水域に排出され，又は地下に浸透したこと
により人の健康に係る被害を生ずるおそれがあるときは，直ちに，引き続く油を
　　(3)　　　　　　　　　　　　　　　　　　　　　　　　　　　　(2)
含む水の排出又は浸透の防止のための応急の措置を講ずるとともに，速やかにそ
　　　　　　　　　　　　　　(4)
の事故の状況及び講じた措置の概要を都道府県知事に届け出なければならない。
　　　　　　　　　　　　　　　　(5)

解　説

　水質汚濁防止法第14条の2第3項の事故時の措置についての出題です。

　前述の条文が示すように、誤っているものは(3)の「人の健康」であり、正しくは
「生活環境」です。

POINT

　第3項の貯油施設に関する条文は、第1項の特定事業場に比べて重要度（優先度）
の観点からもじっくり読むことは少ないものと思われます。

　本問のような誤りの語句を見付けるタイプの問題は、文章として筋が通るような
語句に変えられていますので、誤りを見付けられず焦ってしまうことがあると思い
ます。しかし、じっくり読み込むと違和感を覚える語句がみえてきます。

　貯油施設等から油が漏れて排出、地下浸透しただけでは、有害物質とは違ってす
ぐに「人の健康に被害を生じるおそれがある」状況にはならないと考えられます。
したがって、「生活環境」という語句のほうが適当ではないかと類推できます。

正解 >> （3）

2-11 緊急時の措置

　ここでは「緊急時の措置」について解説します。緊急時の措置の主体は都道府県知事等であり、事業者ではありません。緊急時の条件などについて理解しておきましょう。

1 概要

　異常な渇水等の自然的条件の変化により公共用水域の水質汚濁が著しくなったときは、**都道府県知事等**※は、一般にその事態を周知させるとともに、その事態が発生した当該一部の区域に排出水を排出する者に対し、**排出水の量の減少その他必要な措置をとるべきことを命じること**ができます（水質汚濁防止法第18条）。

　緊急時は政令（水質汚濁防止法施行令第6条）で定められています。

> （緊急時）
> 第6条　法第18条の政令で定める場合は、同条に規定する区域について、異常な渇水※、潮流の変化その他これに準ずる自然的条件の変化により、公共用水域の水質の汚濁が<u>水質環境基準において定められた水質の汚濁の程度の2倍に相当する程度</u>（第2条各号に掲げる物質による水質の汚濁にあっては、当該物質に係る<u>水質環境基準において定められた水質の汚濁の程度に相当する程度</u>）をこえる状態が生じ、かつ、その状態が相当日数継続すると認められる場合とする。

　つまり、「緊急時」とは、渇水等により公共用水域の水質の汚濁が

　①水質環境基準（生活環境項目）が**基準値の2倍**

　②水質環境基準（有害物質）が**基準値**

を**こえる状態が相当日数継続する**と認められる場合です。

※：都道府県知事等
緊急時の措置の主体は都道府県知事等であり、事業者ではない。前項の事故時の措置と混同しないように注意。

※：渇水
一般的には、水資源としての河川の流量が減少あるいは枯渇した状態。自然現象としては、流域の降水量が相当程度の期間にわたって継続して少なくなり、河川への流出量が減少することで起こる。この規定は、渇水等により排出水の希釈効果が低下し、公共用水域中の汚濁物質の濃度が上がる場合の対策について定めたもの。

2-12 命令・罰則

ここでは計画変更命令等の命令、罰則について解説します。施設の設置等の届出先である都道府県知事等が命令を発する主体であり、命令違反には最も重い罰則が適用されることを理解しておきましょう。

1 計画変更命令等

前述した特定施設等の届出でも触れましたが、特定施設等を新たに設置又は構造等の変更をしようとする者は、あらかじめ（**60日前**まで）都道府県知事等に届け出なければならないとされています。**都道府県知事等**は、その内容を審査し、排出水・特定地下浸透水が排水基準や地下浸透基準に適合しないと認めるときは、その届出を受理した日から60日以内[※]に限り、**計画の変更又は廃止を命ずること**ができます（水質汚濁防止法第8条、第8条の2）。

2 改善命令等

都道府県知事等は、特定事業場の排水口において**排水基準に適合しない排出水**を排出するおそれのあると認めるときは、特定施設の構造若しくは使用の方法若しくは汚水等の処理方法の**改善**又は特定施設の使用若しく排出水の排出の**一時停止**を**命ずる**ことができます（水質汚濁防止法第13条第1項）。

また、次の場合も同様に都道府県知事等による改善命令等の対象となります。

　①**総量規制基準に適合しない排出水**が排出するおそれ（法第13条第3項）

　②**特定地下浸透水**を浸透させるおそれ（法第13条の2第1項）

　③**構造基準等**を遵守していない（法第13条の3第1項）

※：60日以内

届出から60日以内に都道府県知事から「工事を開始してよい」という連絡がくることはない。60日経って計画の変更又は廃止の命令がなければ61日目から工事の着工ができる。

3 地下水の浄化措置命令

　都道府県知事等は、**特定事業場又は有害物質貯蔵指定事業場**において有害物質に該当する物質を含む水の地下への浸透があったことにより、**現に人の健康に係る被害が生じ、又は生ずるおそれがあると認めるとき**は、省令で定めるところにより、その被害を防止するため**必要な限度**において、特定事業場又は有害物質貯蔵指定事業場の設置者(相続、合併又は分割によりその地位を承継した者を含む。)に対し、**地下水の水質の浄化のための措置をとることを命ずる**ことができます(水質汚濁防止法第14条の3)。

　省令で定める必要な限度は、水質汚濁防止法施行規則第9条の3第2項において、「有害物質の量が**浄化基準を超えないこと**」と定められています。浄化基準は表1に示すとおりです。

　浄化基準の物質は、**地下水の水質汚濁に係る環境基準**に有機りん化合物が加えられており、基準値は**地下水の水質汚濁に係る環境基準**と同じで、有機りん化合物は「検出されないこと。」となっています。

　つまり、地下水の環境基準まで地下水の水質の浄化が求められることになります。

4 罰則

　水質汚濁防止法には、前述した改善命令等に違反した場合や排水基準に適合しない排出水を排出した場合などについて罰則が設けられています。表2に罰則の一覧を示します。

　また、表の末尾にも記載されていますが、表中の⑫の過料※を除く①〜⑪の罰金刑に該当する場合は行為者のみならず**法人**にも罰金が科せられます。このような規定を「**両罰規定**」といいます。

※：過料
日本において金銭を徴収する制裁のひとつ。金銭罰ではあるが、罰金や科料と異なり、刑罰ではない(前科にならない)。

表1　地下水の水質の浄化基準

番号	有害物質の種類	基準値
1	カドミウム及びその化合物	0.003mg/L
2	シアン化合物	検出されないこと。
3	有機りん化合物（パラチオン、メチルパラチオン、メチルジメトン及び EPN に限る。）	検出されないこと。
4	鉛及びその化合物	0.01mg/L
5	六価クロム化合物	0.02mg/L[†1]
6	ひ素及びその化合物	0.01mg/L
7	水銀及びアルキル水銀その他の水銀化合物	0.0005mg/L
	アルキル水銀化合物	検出されないこと。
8	ポリ塩化ビフェニル	検出されないこと。
9	トリクロロエチレン	0.01mg/L
10	テトラクロロエチレン	0.01mg/L
11	ジクロロメタン	0.02mg/L
12	四塩化炭素	0.002mg/L
13	1,2-ジクロロエタン	0.004mg/L
14	1,1-ジクロロエチレン	0.1mg/L
15	1,2-ジクロロエチレン	シス体及びトランス体の合計量 0.04mg/L
16	1,1,1-トリクロロエタン	1mg/L
17	1,1,2-トリクロロエタン	0.006mg/L
18	1,3-ジクロロプロペン	0.002mg/L
19	チウラム	0.006mg/L
20	シマジン	0.003mg/L
21	チオベンカルブ	0.02mg/L
22	ベンゼン	0.01mg/L
23	セレン及びその化合物	0.01mg/L
24	ほう素及びその化合物	1mg/L
25	ふっ素及びその化合物	0.8mg/L
26	アンモニア、アンモニウム化合物、亜硝酸化合物及び硝酸化合物	亜硝酸性窒素及び硝酸性窒素の合計量 10mg/L
27	塩化ビニルモノマー	0.002mg/L
28	1,4-ジオキサン	0.05mg/L

†1　令和 4 年 4 月 1 日施行
［水質汚濁防止法施行規則 別表第 2（第 9 条の 3 関係）を要約］

表2　罰則一覧（水質汚濁防止法第30条〜第35条）

適用	罰則	条文番号
①計画変更命令又は改善命令等に違反した場合	1年以下の懲役又は100万円以下の罰金	第30条
②地下水の水質の浄化に係る措置命令等に違反した場合	1年以下の懲役又は100万円以下の罰金	第30条
③排水基準に違反した場合	6月以下の懲役又は50万円以下の罰金（ただし、過失で排水基準違反をした場合は3月以下の禁錮又は30万円以下の罰金）	第31条
④緊急時の措置命令に違反した場合	6月以下の懲役又は50万円以下の罰金（ただし、過失で排水基準違反をした場合は3月以下の禁錮又は30万円以下の罰金）	第31条
⑤事故時の応急措置命令に違反した場合	6月以下の懲役又は50万円以下の罰金（ただし、過失で排水基準違反をした場合は3月以下の禁錮又は30万円以下の罰金）	第31条
⑥特定施設の設置届出、構造等変更届出をしなかったり、虚偽の届出をした場合	3月以下の懲役又は30万円以下の罰金	第32条
⑦特定施設の使用届出をしなかったり、虚偽の届出をした場合	30万円以下の罰金	第33条
⑧工事の実施制限期間に違反した場合	30万円以下の罰金	第33条
⑨排出水を排出し、又は特定地下浸透水を浸透させる者であって、排出水又は特定地下浸透水の汚染状態の測定結果について、記録をせず、虚偽の記録をし、又は記録を保存しなかった場合	30万円以下の罰金	第33条
⑩指定地域内事業場であって、汚濁負荷量の測定結果について、記録をせず、虚偽の記録をし、又は記録を保存しなかった場合	30万円以下の罰金	第33条
⑪報告をせず、もしくは虚偽の報告をし、又は立入検査を拒み妨げ忌避をした場合	30万円以下の罰金	第33条
⑫氏名等の変更届出、特定施設使用廃止届出、承継届出、汚濁負荷量の測定手法の届出をしなかったり、虚偽の届出をした場合	10万円以下の過料	第35条

（注）表の①〜⑪に該当する場合は、行為者のみでなく法人に対しても罰金が科せられます（第34条）。

ポイント

①水質汚濁防止法に定める罰則では、改善命令等に違反した場合の罰則が重く設定されている。

②排水基準違反に関する罰則規定はあるが、総量規制基準違反に関する罰則規定はない。つまり、排水基準違反に対しては直罰が適用されるが、総量規制基準違反に対してはすぐに罰則が科せられることはなく、指導、改善命令を経てから罰則が科せられることになる。

第 3 章

公害防止管理者法
特定工場における公害防止組織の整備に関する法律

3-1 公害防止管理者法（水質関係）

公害防止管理者法の水質に関する内容について解説します。法律の枠組みは公害総論の範囲ですので、ここでは水質関係の内容を中心に理解しておきましょう。

1 特定工場

公害防止管理者法※では公害防止組織の設置が義務付けられている工場を「**特定工場**」※といいます。水質関係における特定工場は、①製造業（物品の加工業を含む）、②電気供給業、③ガス供給業、④熱供給業に属し、かつ、政令※で定める**汚水等排出施設**が設置されている工場です。

特定工場は大きく2つに分けられます。

① 公害防止管理者法施行令別表第1に掲げる汚水等排出施設が設置されている工場（公害防止管理者法施行令第3条第2項第1号・別表第1）

② 上記以外の工場で、**排出水量が1000m³/日以上の工場**（公害防止管理者法施行令第3条第2項第2号）

なお、①の別表1にはカドミウムや水銀等の有害性の高い物質を扱う汚水等排出施設が掲げられています。厳密には水質汚濁防止法で定める「有害物質」とは異なりますが、説明のため本章（図1、図2など）では「有害物質」と表しています。

2 汚水等排出施設

汚水等排出施設は、

・水質汚濁防止法施行令別表第1の**特定施設**のうち、

・別表第1の第2号から第59号まで、第61号から第63号まで、第63号の3、第64号、第65号から第66号の2まで、第71号の5及び第71号の6に掲げる施設（同表第62号に掲げ

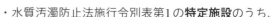

※：公害防止管理者法
正式名称は「特定工場における公害防止組織の整備に関する法律」（昭和46年法律第107号）である。本文中は「公害防止管理者法」という略称を用いる。

※：特定工場
公害防止管理者法で定義される「特定工場」は、水質汚濁防止法で定義される「特定施設」「特定事業場」とは異なる用語であることに注意。ただし、公害防止管理者法で定める「汚水等排出施設」は、水質汚濁防止法で定める「特定施設」の一部が該当する。

※：政令
ここでは「特定工場における公害防止組織の整備に関する法律施行令」のこと。

図1　特定施設と汚水等排出施設の関係

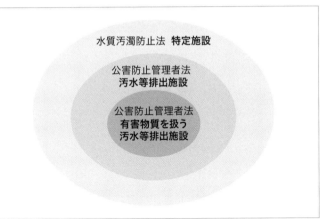

　　る施設で鉱山保安法第2条第2項の鉱山に設置されるもの
　　を除く。)
になります。
　　以上の特定施設、汚水等排出施設の関係を図1に示します。
　　水質汚濁防止法に定める「特定施設」と公害防止管理者法に
定める「汚水等排出施設」の一覧については、前述の**第2章2-3
「特定施設」の表3**に示しました。国家試験では、汚水等排出施
設に該当するかどうかを問う問題がよく出題されますので、特
定施設のうち、どの施設が汚水等排出施設に該当するかを覚え
ておきましょう。

✅ ポイント

①水質関係公害防止管理者を選任しなければならないのは「汚水等
　排出施設」が設置されている工場。
②公害防止管理者法では、水質汚濁防止法に定める特定施設のうち、
　いくつかの施設が汚水等排出施設として定められている。
③汚水等排出施設は、有害物質を扱う汚水等排出施設とそれ以外の
　汚水等排出施設に分けられる。

練習問題

問4　特定工場における公害防止組織の整備に関する法律に規定する汚水等排出施設
に該当しないものはどれか。

(1) 畜産食料品製造業の用に供する洗浄施設(洗びん施設を含む。)

(2) 豆腐又は煮豆の製造業の用に供する湯煮施設

(3) 電気めっき施設

(4) 生コンクリート製造業の用に供するバッチャープラント

(5) 砂利採取業の用に供する水洗式分別施設

解　説

　特定工場における公害防止組織の整備に関する法律（公害防止管理者法）に定める汚水等排出施設に該当しないものを選ぶ問題です。

　汚水等排出施設は、水質汚濁防止法施行令別表第1の第2号～第59号、第61号～第63号、第63号の3、第64号、第65号～第66号の2、第71号の5、第71号の6に該当する施設です。

　(5)の「砂利採取業の用に供する水洗式分別施設」は、水質汚濁防止法施行令別表第1の第60号に定める特定施設ですが、汚水等排出施設には該当しません（第2章 2-3「特定施設」の表3参照）。

POINT

　汚水等排出施設をすべて覚えていないと正解できないと思うかもしれませんが、汚水等排出施設がどんな施設なのかを考えると正解が類推できます。特定工場は、①製造業、②電気供給業、③ガス供給業、④熱供給業に属し、かつ、汚水等排出施設が設置されている工場です。したがって、これらの業種に属する施設なのかを考えると、(5)は該当しないものと類推できます。

　過去の出題のうち、水質汚濁防止法の特定施設には該当するが、公害防止管理者法の汚水等排出施設に該当しない施設として出題された施設は次のとおりです。

・鉱業又は水洗炭業の用に供する選鉱施設（第1号イ）

・鉱業又は水洗炭業の用に供する掘削用の泥水分離施設（第1号ニ）

・砂利採取業の用に供する水洗式分別施設（第 60 号）

・洗濯業の用に供する洗浄施設（第 67 号）

なお、砕石業の用に供する施設（第 59 号）は汚水等排出施設に該当します。上記の「砂利採取業」と混同しないように注意してください。

以前は、汚水等排出施設に必要な水質関係公害防止管理者の資格（第 1 種〜第 4 種）を問う問題が出題される傾向がありましたが、最近は本問のように汚水等排出施設に該当しない施設、すなわち、公害防止管理者の選任が不要な施設を選ばせる問題が出題される傾向に変わってきています。

正解 >> （5）

練習問題

問4　特定工場における公害防止組織の整備に関する法律に規定する汚水等排出施設に該当しないものはどれか。

(1)　水銀電解法によるか性ソーダ又はか性カリの製造業の用に供する塩水精製施設

(2)　コールタール製品製造業の用に供するベンゼン類硫酸洗浄施設

(3)　界面活性剤製造業の用に供する反応施設(1,4-ジオキサンが発生するものに限り，洗浄装置を有しないものを除く。)

(4)　鉱業又は水洗炭業の用に供する選鉱施設

(5)　写真感光材料製造業の用に供する感光剤洗浄施設

解　説

前問と同じく汚水等排出施設に該当しないものを選ぶ問題です。

(4)の「鉱業又は水洗炭業の用に供する選鉱施設」(第1号イ)は汚水等排出施設に該当しません(第2章2-3「特定施設」の表3参照)。

正解 ≫ (4)

練習問題

問3　特定工場における公害防止組織の整備に関する法律に規定する汚水等排出施設
に該当しないものはどれか。

(1)　水産食料品製造業の用に供する洗浄施設

(2)　小麦粉製造業の用に供する洗浄施設

(3)　砂糖製造業の用に供する原料処理施設

(4)　飲料製造業の用に供する原料処理施設

(5)　洗濯業の用に供する洗浄施設

| 解　説 |

前問と同じく汚水等排出施設に該当しないものを選ぶ問題です。

(5)の「洗濯業の用に供する洗浄施設」（第67号）は汚水等排出施設に該当しま
せん（第2章2-3「特定施設」の表3参照）。

正解 ≫　(5)

練習問題

問4　特定工場における公害防止組織の整備に関する法律に規定する汚水等排出施設に該当しないものはどれか。

(1)　鉄鋼業の用に供するガス冷却洗浄施設

(2)　空きびん卸売業の用に供する自動式洗びん施設

(3)　酸又はアルカリによる表面処理施設

(4)　石炭を燃料とする火力発電施設のうち，廃ガス洗浄施設

(5)　電気めっき施設

解　説

　公害防止管理者の必要な施設は、水質汚濁防止法施行令別表第1に規定される特定施設のうち、特定工場における公害防止組織の整備に関する法律施行令の第3条第1項に規定されている汚水等処理施設です。

　(2)は、水質汚濁防止法施行令別表第1の第63号の2に該当しますが、特定工場における公害防止組織の整備に関する法律の適用対象となる汚水等排出施設に番号に含まれないので該当しません。したがって、(2)が正解です。

POINT

　過去出題された問題で、水質汚濁防止法の特定施設に該当して、特定工場における公害防止組織の整備に関する法律の汚水等排出施設に該当しない施設は、水質汚濁防止法施行令別表第1の次の施設

第1号ロ　　　　鉱業又は水洗炭業の用に供する選鉱施設

第1号ニ　　　　鉱業又は水洗炭業の用に供する掘削用の泥水分離施設

第60号　　　　砂利採取業の用に供する水洗式分別施設

第67号　　　　洗濯業の用に供する洗浄施設

第68号　　　　写真現像業の用に供する自動式フィルム現像洗浄施設

を記憶しておくとよいでしょう。

正解 >> （2）

3 特定事業者

特定工場を設置している者を「**特定事業者**」といいます。特定事業者は、公害防止統括者、公害防止主任管理者、公害防止管理者を選任し、都道府県知事（又は政令で定める市の長）に届け出なければなりません。

4 水質関係第 1 種〜第 4 種公害防止管理者

水質関係では、**施設の区分**※ごとに水質関係第1種〜第4種公害防止管理者（有資格者）を選任しなければなりません（公害防止管理者法施行令第8条、第11条・別表第2）。

水質関係の公害防止管理者は、**有害物質**を扱うか否か、**排出水量**※が**1万 m³/日以上**か否かによって、図2に示すように区分されます。

第1種〜第4種のいずれかの水質関係の公害防止管理者の選任が必要となる汚水等排出施設のうち、公害防止管理者法施行令別表第1に掲げる35施設（有害物質を扱う施設）は、排出水量10,000m³/日未満の場合は、第1種又は第2種の水質関係の公害防止管理者の選任が必要であり、排出水量10,000m³/日以上の場合は、第1種の水質関係の公害防止管理者の有資格者の選任が必要になります（図2右）。

※：施設の区分
公害防止管理者は「施設の区分ごと」に選任することに注意。以下の「排出水量」もあわせて参照。

※：排出水量
排出水量は施設からの排出水量ではなく、工場全体からの排出水量であることに注意。公害防止管理者は施設の区分ごとに選任するのに対し、排出水量は工場全体からのものをいう。

図2　水質関係公害防止管理者の資格区分

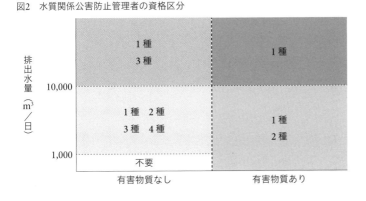

　また、公害防止管理者法施行令別表第1に掲げられていない汚水等排出施設(有害物質の取扱いのない施設)は、排出水量1,000m³/日未満の場合は、水質関係の公害防止管理者の選任が不要であり、排出水量1,000m³/日以上10,000m³/日未満の場合は、第1種～第4種のいずれかの水質関係の公害防止管理者の有資格者の選任が必要であり、排出水量10,000m³/日以上の場合は、第1種又は第3種の公害防止管理者の有資格者の選任が必要になります(図2左)。

　国家試験では、第1種～第4種のどの種別の公害防止管理者を選任できるかを問う問題がよく出題されますので、汚水等排出施設(第2章2-3「特定施設」の表3)とあわせてよく理解しておきましょう。

> ☑ **ポイント**
>
> ①施設の区分ごとに水質関係第1種～第4種公害防止管理者に分けられる。
> ②有害物質を扱うか否か、排出水量は1万m³以上か否かによって4種類に区分される。

練習問題

問3　特定工場における公害防止組織の整備に関する法律施行令に規定する「水質関係第3種有資格者」を，公害防止管理者として選任できない施設はどれか。

(1) 排出水量が1日当たり2千立方メートルの特定工場に設置された皮革製造業の用に供する染色施設

(2) 排出水量が1日当たり2万立方メートルの特定工場に設置された天然樹脂製品製造業の用に供する脱水施設

(3) 排出水量が1日当たり2千立方メートルの特定工場に設置された砕石業の用に供する水洗式分別施設

(4) 排出水量が1日当たり2万立方メートルの特定工場に設置されたコークス製造業の用に供するガス冷却洗浄施設

(5) 排出水量が1日当たり2万立方メートルの特定工場に設置された人造黒鉛電極製造業の用に供する成型施設

解　説

特定工場における公害防止の組織の整備に関する法律（公害防止管理者法）施行令に規定する水質関係第3種有資格者を選任できない施設を問う問題です。

第2章 2-3「特定施設」の表3及び図2を参照しながら確認していきます。

(1)の「皮革製造業の用に供する染色施設」は、水質汚濁防止法施行令別表第1の第52号ホに該当しますが、公害防止管理者法施行令別表第1には該当せず、排出水量が2,000m³/日なので、水質関係第1種〜第4種有資格者のいずれかを公害防止管理者として選任できます。

(2)の「天然樹脂製品製造業の用に供する脱水施設」は、水質汚濁防止法施行令別表第1の第44号ロに該当しますが、公害防止管理者法施行令別表第1には該当せず、排出水量が20,000m³/日なので、水質関係第1種又は第3種有資格者を公害防止管理者として選任できます。

(3)の「砕石業の用に供する水洗式分別施設」は、水質汚濁防止法施行令別表第1の第59号ロに該当しますが、公害防止管理者法施行令別表第1には該当せず、排出水量が2,000m³/日なので、水質関係第1種〜第4種有資格者のいずれかを公害

防止管理者として選任できます。

⑷の「コークス製造業の用に供するガス冷却洗浄施設」は、水質汚濁防止法施行令別表第 1 の第 64 号ロに該当し、公害防止管理者法施行令別表第 1 の第 30 号に該当するので、水質関係第 1 種又は第 2 種有資格者を公害防止管理者として選任できます。「水質関係第 3 種有資格者」は選任できません。

⑸の「人造黒鉛電極製造業の用に供する成型施設」は、水質汚濁防止法施行令別表第 1 の第 57 号に該当しますが、公害防止管理者法施行令別表第 1 には該当せず、排出水量が 20,000m³/ 日なので、水質関係第 1 種又は第 3 種有資格者を公害防止管理者として選任できます。

正解 >> （4）

5 公害防止統括者等の業務

水質関係の公害防止統括者等の業務についてもよく出題されますので、しっかり覚えておきましょう。

●公害防止統括者の業務[※]

公害防止統括者は、次の業務を統括管理する者です。

①**汚水等排出施設の使用の方法の監視**並びに汚水等排出施設から排出される汚水又は廃液を処理するための施設及びこれに附属する施設の**維持**及び**使用**に関すること

②特定工場から水質汚濁防止法第2条第1項に規定する公共用水域に排出される水(以下「**排出水**」という。)又は特定工場から地下に浸透する水で同条第8項に規定する有害物質使用特定施設から排出される汚水又は廃液(これを処理したものを含む。)を含むもの(以下「**特定地下浸透水**」という。)の**汚染状態の測定及び記録**に関すること

③**事故時の措置**及び排出水に係る**緊急時の措置**に関すること

※：公害防止統括者の業務
公害防止管理者法第3条第1項第2号、施行規則第3条第2項に規定されている。

●公害防止管理者の業務[※]

公害防止管理者は、次の技術的事項についての業務を管理する者です。

①**使用する原材料の検査**

②**汚水等排出施設の点検**

③汚水等排出施設から排出される汚水又は廃液を処理するための施設及びこれに附属する施設の**操作**、**点検**及び**補修**

④排出水又は特定地下浸透水の**汚染状態の測定の実施**及び**その結果の記録**

⑤**測定機器の点検及び補修**

⑥**事故時の措置**(応急の措置に係るものに限る。)の実施

⑦排出水に係る**緊急時**における排出水の量の減少その他の必要な措置の実施

※：公害防止管理者の業務
公害防止管理者法第4条第1項第2号、施行規則第6条第2項に規定されている。

●**公害防止主任管理者の業務**

　公害防止主任管理者を選任しなければならない特定工場は、ばい煙発生施設及び汚水等排出施設が設置されている工場で、**排出ガス量が1時間当たり4万 m^3 以上**（大気関係第3種の公害防止管理者の選任が必要）**、かつ、排出水量が1日当たり1万 m^3 以上**（水質関係第3種の公害防止管理者の選任が必要）**の工場**です（法第5条、法施行令第9条）。（大気関係第3種の公害防止管理者の選任が必要）

　このような大規模な工場では、ばい煙の処理と汚水の処理が相互に密接に関連し合っていることから、ばい煙の処理と汚水の処理の調整役として、両者の公害防止管理者を指揮監督する者が必要となります。そのため、公害防止統括者を補佐し、公害防止管理者を指揮する者として公害防止主任管理者の選任が義務付けられています（法第5条）。

練習問題

問4　特定工場における公害防止組織の整備に関する法律に規定する水質関係公害防止管理者が管理する業務として，定められていないものはどれか。

(1)　測定機器の点検及び補修

(2)　汚水等排出施設から排出される汚水又は廃液を処理するための施設及びこれに附属する施設の操作，点検及び補修

(3)　排出水又は特定地下浸透水の汚染状態の測定の実施及びその結果の記録

(4)　汚水等排出施設の操作の改善

(5)　排出水に係る緊急時における排出水の量の減少その他の必要な措置の実施

▌解　説

　水質関係公害防止管理者が管理する業務は、特定工場における公害防止組織の整備に関する法律第4条第1項第2号で定められ、具体的には同法施行規則第6条第2項に7項目が規定されています。

　(4)の「汚水等排出施設の操作の改善」は規定されていません。「汚水等排出施設の点検」は規定されています。

▌POINT

　公害防止管理者の業務に関する問題は毎年のように出題されています。工場の管理者の業務としては意外に思うかもしれませんが、法律上では「改善」に係る業務は公害防止管理者の業務としては規定されていないことをしっかりと記憶しておきましょう。

　公害防止管理者の業務のひとつとして「汚水等排出施設の点検」が規定されているということは、決められたことを決められたとおりにきちんと実施し、トラブルが起きないようにしっかりと管理することが法律上の要求事項といえます。

正解 >> （4）

練習問題

問4　特定工場における公害防止組織の整備に関する法律に規定する水質関係公害防止管理者が管理する業務として，定められていないものはどれか。

(1)　使用する原材料の検査

(2)　汚水等排出施設の使用の方法の監視

(3)　汚水等排出施設から排出される汚水又は廃液を処理するための施設及びこれに附属する施設の操作，点検及び補修

(4)　排出水又は特定地下浸透水の汚染状態の測定の実施及びその結果の記録

(5)　測定機器の点検及び補修

解　説

前問と同じ水質関係の公害防止管理者の業務についての問題です。

(2)の「汚水等排出施設の使用の方法の監視」は規定されていません。これは公害防止統括者の業務として規定されています。

POINT

公害防止管理者の業務として施設の「改善」を誤りとした文章の出題が続いたので、この年の問題は少しひねった出題になっています。

水質関係の公害防止管理者の業務は「公害防止のための管理業務」です。

(1)は、排水処理で想定していない有害物質等が原材料に含まれていれば、汚水等処理施設で処理できずに排水基準を超える排出水を排水するおそれがあるので、排水基準を遵守するために必要な業務といえます。(3)は、排水基準を維持するための汚水等を処理する施設及びその附属設備の管理に係る業務なので、水質関係の公害防止管理者の業務の範囲です。(4)は排出基準や地下浸透基準を遵守していることの証拠となる業務であり、(5)は測定した結果の信頼性を確保するための業務です。したがって、以上の4つはいずれも水質関係の公害防止管理者の業務となるものです。

しかしながら、水質関係の公害防止管理者の業務の中心は汚水等排出施設から排出された汚水の処理であり、(2)の「汚水等排出施設そのものの使用方法」の監視については汚水等排出施設の運転部門の管理者の責任であり、その指示のもとに作業

にあたるのが一般的と考えられます。

　なお、「汚水等排出施設の点検」は、汚水等排出施設からの汚水の水質を維持するうえで必要な業務なので、水質関係の公害防止管理者の業務となっています。

正解 >> （2）

第 **4** 章

水質汚濁の現状

4-1 水質汚濁の歴史的背景

　第4章は水質汚濁の現状について解説します。ここでは過去の水質汚濁に関する事件について解説します。主な事件の発生地域、原因物質の関係について理解しておきましょう。

■ 水質汚濁に関する事件

　我が国の水質汚濁による公害は、明治のはじめの**足尾銅山**の鉱毒水に始まります。すなわち、1878（明治11）年秋以来、群馬・栃木の両県にわたる渡良瀬川に流入した銅を含む排水によって、下流の田畑400km^{2}が被害を受けました。

　この事件を契機に、我が国農業の重要作物である水稲に対する重金属の影響が研究されるようになりました。そして、産業・生産方式の近代化やその規模の拡大とともに、公害が顕在化していきました。

　表1に主な水質汚濁に関する事件を示します。

表1　主な水質汚濁に関する事件

項目	地域	内容
足尾銅山鉱毒事件 （明治期）	栃木県 渡良瀬川流域	農業被害 銅含有排水による水質汚濁→水稲被害
水俣病 （S31 公式確認）	熊本県 水俣湾周辺	有機水銀（メチル水銀） 四肢言語障害、運動失調
第二水俣病 （S40 公表）	新潟県 阿賀野川	同上
イタイイタイ病 （S30 医学会で発表）	富山県 神通川流域	カドミウムの慢性中毒 Ca 摂取阻害による骨軟化症
パルプ工場排水事件 （S33）	東京都 江戸川下流	漁業被害の発生→漁民と工場との間で紛争 法律制定の契機となる。
硫化水素発生事件 （S40）	静岡県 田子の浦港	パルプ工場排水によりヘドロが堆積 浚渫中に大量の H_2S が発生
ナホトカ号油流出事故 （H9）	福井県 三国町沖合	ナホトカ号が座礁し、油を流出

練習問題

問6　我が国の水質汚濁の歴史に登場する地名と関連する事項の組合せとして，誤っているものはどれか。

　　　　（地名）　　　　　　（関連する事項）
(1)　栃木県渡良瀬川 ——— 足尾銅山の鉱毒
(2)　富山県神通川 ——— イタイイタイ病
(3)　東京都江戸川 ——— パルプ工場と漁民の紛争
(4)　新潟県阿賀野川 ——— 六価クロム汚染
(5)　福井県三国町沖 ——— ナホトカ号油流出事故

解　説

　公害及び水質汚濁の事件に関する問題です。

　(4)の「新潟県阿賀野川」は、四大公害病の一つで第二水俣病ともいわれているメチル水銀による中毒が問題となった地域です。したがって、「六価クロム汚染」との組合せは誤りです。

　六価クロム汚染は、東京都江東区大島の化学工場跡地がクロム鉱さいの大量投棄により高濃度汚染されていたことを端緒に、その後の調査で工場跡地だけでなく、江東区の広範囲にわたって大量のクロム鉱さいが投棄されていたことが確認され社会問題となりました。

POINT

　公害及び水質汚濁の事件と発生場所の組合せを問う問題の出題頻度は低いですが、出題された場合はサービス問題となりますので、表1の内容は確実に記憶しておきましょう。

正解 >> （4）

4-2 水質汚濁の現状

ここでは水質汚濁の現状について解説します。行政上の目標として環境基準が設定されていましたが（第1章参照）、本節は環境基準の達成状況が主な内容になります。

1 水質汚濁に係る環境基準のポイント

水質汚濁に係る環境基準の項目は、カドミウムなどの人の健康の保護に関する項目（**健康項目**）と、化学的酸素要求量（COD）などの生活環境の保全に関する項目（**生活環境項目**）に大別されます。

①**健康項目**：原則、すべての公共用水域に適用されますが、**ふっ素及びほう素**については、海域における濃度が自然状態で環境基準値を上回っていることから、**海域には適用されません**。

②**生活環境項目**：河川等の利水目的等に応じた水域類型ごとに適用される仕組みになっています。次に示す生活環境項目に関する水質の状況は、この水域類型の指定された水域において行われた水質測定結果です。なお、有機汚濁の代表的な指標である**BODは河川**に、**CODは湖沼及び海域**にそれぞれ適用されます。

2 環境基準達成状況の概要

我が国の最近における水質汚濁状況は、総体的には改善傾向にあります。特に健康項目については大幅な改善がみられます。BOD、CODについては、改善傾向はみられるものの、湖沼や内湾等の閉鎖性水域※や都市部を流れる中小河川において問題が残されています。

※：閉鎖性水域
閉鎖性水域とは、地形等により水の出入りが不活発な内湾、内海、湖沼等の水域を指す。閉鎖性水域では、流入する汚濁物質が蓄積しやすく、さらに水中の窒素やりんなどの栄養塩類の濃度が高くなると、植物プランクトンが増殖して水質が累進的に悪化する（富栄養化の進行）。

3 環境基準の達成状況

　行政上の目標として設定されている環境基準がどのくらい達成されているかをここでは紹介します。

　過去の例をみると、国家試験では**3年前のデータ**が出題されていますので（例：2024年度の国家試験では2021年度のデータが出題）、最新のデータは『新・公害防止の技術と法規』（別売）や原典の『環境白書・循環型社会白書・生物多様性白書』※『公共用水域水質測定結果』『地下水質測定結果』※などを確認するようにしましょう。

　データの詳細はそれぞれの図表に示していますが、すべてのデータを記憶するのは困難ですので、覚えておくべきポイントを次に示します。

◉健康項目の環境基準達成状況（2021年度）（表1）

　・達成率：**99.09％**（前年度99.15％）

　・超過項目：7項目（**カドミウム、鉛、砒素、総水銀、1,2-ジクロロエタン、硝酸性窒素及び亜硝酸性窒素、ふっ素**）

　・超過数（超過地点数）：1位；**砒素**、2位；**ふっ素**

　　超過割合：1位；ひ素（0.58％）　2位；ふっ素（0.57％）

　・環境基準超過の主な原因：**自然由来**の汚染が最も多い。

◉生活環境項目の環境基準達成状況（2021年度）

【BOD又はCOD】（図1）

　・河川のBOD　**93.1％**　（前年度 93.5％）

　・湖沼のCOD　**53.6％**　（前年度 49.7％）

　・海域のCOD　**78.6％**　（前年度 80.7％）

　・全体　　　　**88.3％**　（前年度 88.8％）

※：環境白書・循環型社会白書・生物多様性白書

環境白書、循環型社会白書、生物多様性白書の3つの白書は、それぞれ、環境基本法、循環型社会形成推進基本法、生物多様性基本法に基づく国会への年次報告書。環境基準の達成状況についても報告されている。これらの白書は環境省ウェブページで毎年公開されている。

※：公共用水域水質測定結果・地下水質測定結果

いずれも水質汚濁防止法の定めにより、国及び地方公共団体が共用水域及び地下水の水質の測定を行ったものの集計結果。環境省ウェブページで毎年公開されている。

第1章

第2章

第3章

第4章

第5章

第6章

第7章

第8章

表1　健康項目の環境基準達成状況（非達成率）

	令和3年度									令和2年度		
	河川		湖沼		海域		全体			全体		
	a:超過地点数	b:調査地点数	a:超過地点数	b:調査地点数	a:超過地点数	b:調査地点数	a:超過地点数	b:調査地点数	a/b (%)	a:超過地点数	b:調査地点数	a/b (%)
カドミウム	3	2,975	0	249	0	779	3	4,003	0.07	3	4,073	0.07
全シアン	0	2,665	0	222	0	671	0	3,558	0	0	3,654	0
鉛	3	3,093	0	250	0	795	3	4,138	0.07	4	4,205	0.10
六価クロム	0	2,718	0	226	0	733	0	3,677	0	0	3,801	0
砒素	22	3,082	2	254	0	814	24	4,150	0.58	21	4,193	0.50
総水銀	1	2,831	0	236	0	777	1	3,844	0.03	0	3,936	0
アルキル水銀	0	525	0	60	0	168	0	753	0	0	730	0
PCB	0	1,792	0	158	0	426	0	2,376	0	0	2,270	0
ジクロロメタン	0	2,567	0	204	0	545	0	3,316	0	0	3,374	0
四塩化炭素	0	2,544	0	204	0	528	0	3,276	0	0	3,325	0
1,2-ジクロロエタン	1	2,558	0	202	0	555	1	3,315	0.03	1	3,382	0.03
1,1-ジクロロエチレン	0	2,568	0	203	0	551	0	3,322	0	0	3,369	0
シス-1,2-ジクロロエチレン	0	2,586	0	203	0	543	0	3,332	0	0	3,354	0
1,1,1-トリクロロエタン	0	2,588	0	209	0	543	0	3,340	0	0	3,384	0
1,1,2-トリクロロエタン	0	2,587	0	203	0	544	0	3,334	0	0	3,354	0
トリクロロエチレン	0	2,603	0	213	0	557	0	3,373	0	0	3,427	0
テトラクロロエチレン	0	2,605	0	213	0	557	0	3,375	0	0	3,430	0
1,3-ジクロロプロペン	0	2,593	0	207	0	531	0	3,331	0	0	3,331	0
チウラム	0	2,530	0	203	0	518	0	3,251	0	0	3,275	0
シマジン	0	2,559	0	204	0	526	0	3,289	0	0	3,261	0
チオベンカルブ	0	2,576	0	204	0	517	0	3,297	0	0	3,236	0
ベンゼン	0	2,544	0	204	0	551	0	3,299	0	0	3,347	0
セレン	0	2,556	0	196	0	554	0	3,306	0	0	3,368	0
硝酸性窒素及び亜硝酸性窒素	2	3,106	0	377	0	782	2	4,265	0.05	2	4,246	0.05
ふっ素	15 (25)	2,591 2,601	1 (2)	223 (224)	0 (0)	0 (26)	16 (27)	2,814 2,851	0.57	17 (26)	2,840 2,871	0.60
ほう素	0 (64)	2,477 2,541	0 (3)	214 217	0 (0)	0 (21)	0 (67)	2,691 2,779	0	0 (75)	2,722 2,814	0
1,4-ジオキサン	0	2,519	0	203	0	601	0	3,323	0	0	3,326	0
合計	45 <47>	3,806	3 <3>	401	0 <0>	1,061	48 <50>	5,286	0.91	45 <48>	5,276	0.85

注：1 硝酸性窒素及び亜硝酸性窒素、ふっ素、ほう素は、平成11年度から全国的に水質測定を開始している。
　　2 ふっ素及びほう素の環境基準は、海域には適用されない。 これら2項目に係る海域の測定地点数は、（ ）内に参考までに記載したが、環境基準の評価からは除外し、合計欄にも含めない。
　　　また、河川及び湖沼においても、海水の影響により環境基準を超過した地点を除いた地点数を記載しているが、下段（ ）内には、これらを含めた地点数を参考までに記載した。
　　3 合計欄の上段には重複のない地点数を記載しているが、下段＜ ＞内には、同一地点において複数の項目が環境基準を超えた場合でも、それぞれの項目において超過地点数を1として集計した、延べ地点数を記載した。なお、非達成率の計算には、複数の項目で超過した地点の重複分を差し引いた超過地点数48により算出した。
［環境省：令和3年度公共用水域水質測定結果］

図1 公共用水域の環境基準（BOD又はCOD）達成率の推移

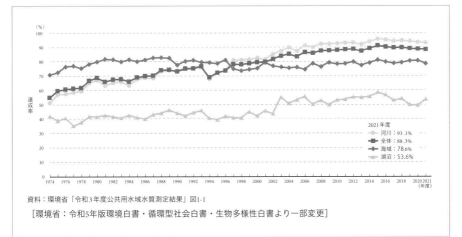

資料：環境省「令和3年度公共用水域水質測定結果」図1-1

［環境省：令和5年版環境白書・循環型社会白書・生物多様性白書より一部変更］

図2 広域的な閉鎖性海域の環境基準（COD）達成率の推移

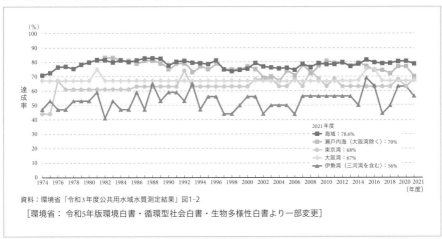

資料：環境省「令和3年度公共用水域水質測定結果」図1-2

［環境省：令和5年版環境白書・循環型社会白書・生物多様性白書より一部変更］

【閉鎖性海域のCOD】（2021年度）（図2）

- ・東京湾　**68.4%**（前年度63.2%）

- ・伊勢湾　**56.3%**（前年度62.5%）

- ・大阪湾　**66.7%**（前年度66.7%）

- ・瀬戸内海（大阪湾を除く）　**69.6%**（前年度77.0%）

【全窒素及び全りん】(2021 年度)(表2、表3)
- 湖沼:**52.8%** (前年度52.8%)
  - 湖沼(全窒素) **19.0%** (前年度23.8%)
  - 湖沼(全りん) **56.1%** (前年度54.5%)
- 海域:**90.8%** (前年度88.1%)

【閉鎖性海域の全窒素及び全りん】(2021 年度)(表4)
- 東京湾 **100%** (前年度100%)
- 伊勢湾 **71.4%** (前年度85.7%)
- 大阪湾 **100%** (前年度100%)
- 大阪湾を除く瀬戸内海 **93.0%** (前年度91.4%)

表2 湖沼における全窒素及び全りんの環境基準達成率の推移

項目	年度	平成24	25	26	27	28	29	30	令和元	2	3
全窒素	類型指定水域数	39	39	39	39	40	41	42	42	42	42
	達成水域数	5	5	6	5	5	6	7	9	9	8
	達成率 (%)	12.8	12.8	15.4	12.8	12.5	14.6	16.7	21.4	23.8	19.0
全燐	類型指定水域数	119	119	121	121	121	121	121	120	122	123
	達成水域数	65	62	64	66	64	62	62	61	67	69
	達成率 (%)	54.6	52.1	52.9	54.5	52.9	51.2	51.2	50.8	54.5	56.1
全窒素・全燐	類型指定水域数	119	119	121	121	121	121	121	120	123	123
	達成水域数	61	60	61	62	60	58	59	59	65	65
	達成率 (%)	51.3	50.4	50.4	51.2	49.6	47.9	48.8	49.2	52.8	52.8

(注) 1 「全窒素」は、全窒素について環境基準を満足している水域を達成水域とした。
　　 2 「全燐」は、全燐について環境基準を満足している水域を達成水域とした。
　　 3 「全窒素・全燐」の環境基準の達成について
　　 ①全窒素及び全燐の環境基準が適用される水域については、全窒素、全燐ともに環境基準を満足している場合に
　　　 達成水域としている。
　　 ②全燐のみ環境基準が適用される水域については、全燐が環境基準を満足している場合に達成水域としている。
　　 4 湖沼については、全窒素のみ環境基準を適用する水域はない。
[環境省水・大気環境局:令和3年度公共用水域水質測定結果(令和5年1月)表8-2より一部抜粋]

表3　海域における全窒素及び全りんの環境基準達成率の推移

項目	年度	平成24	25	26	27	28	29	30	令和元	2	3
全窒素	類型指定水域数	149	149	151	151	151	151	151	151	151	152
	達成水域数	132	141	145	145	146	143	147	145	146	149
	達成率(%)	88.6	94.6	96.0	96.0	96.7	94.7	97.4	96.0	96.7	98.0
全燐	類型指定水域数	149	149	151	151	151	151	151	151	151	152
	達成水域数	131	137	139	134	139	139	142	143	137	139
	達成率(%)	87.9	91.9	92.1	88.7	92.1	92.1	94.0	94.7	90.7	91.4
全窒素・全燐	類型指定水域数	149	149	151	151	151	151	151	151	151	152
	達成水域数	125	132	135	131	136	137	139	138	133	138
	達成率(%)	83.9	88.6	89.4	86.8	90.1	90.7	92.1	91.4	88.1	90.8

（注）　1　全窒素及び全りんの環境基準を満足している場合に、達成水域とした。
　　　　2　海域については、全窒素のみ又は全りんのみ環境基準を適用する水域はない。
［環境省水・大気環境局：令和3年度公共用水域水質測定結果（令和5年1月）表11-2より一部抜粋］

表4　広域的な閉鎖性海域における全窒素及び全りんの環境基準達成率の推移

項目	平成(年度)	平成24	25	26	27	28	29	30	令和元	2	3
東京湾	類型指定水域数	6	6	6	6	6	6	6	6	6	6
	達成水域数	5	5	5	4	6	4	6	6	6	6
	達成率(%)	83.3	83.3	83.3	66.7	100.0	66.7	100.0	100.0	100.0	100.0
伊勢湾（三河湾を含む）	類型指定水域数	7	7	7	7	7	7	7	7	7	7
	達成水域数	4	6	5	5	6	6	6	6	6	5
	達成率(%)	57.1	85.7	71.4	71.4	85.7	85.7	85.7	85.7	85.7	71.4
大阪湾	類型指定水域数	3	3	3	3	3	3	3	3	3	3
	達成水域数	3	3	3	3	3	3	3	3	3	3
	達成率(%)	100.0	100.0	100.0	100.0	100.0	100.0	100.0	100.0	100.0	100.0
瀬戸内海（大阪湾を除く）	類型指定水域数	57	57	57	57	57	57	57	57	58	57
	達成水域数	56	56	55	55	56	55	55	55	53	53
	達成率(%)	98.2	98.2	96.5	96.5	98.2	96.5	96.5	96.5	91.4	93.0
瀬戸内海（大阪湾を含む）	類型指定水域数	60	60	60	60	60	60	60	60	61	60
	達成水域数	59	59	58	58	59	58	58	58	56	56
	達成率(%)	98.3	98.3	96.7	96.7	98.3	96.7	96.7	96.7	91.8	93.3
有明海	類型指定水域数	5	5	5	5	5	5	5	5	5	5
	達成水域数	2	2	2	2	2	2	2	2	1	2
	達成率(%)	40.0	40.0	40.0	40.0	40.0	40.0	40.0	40.0	20.0	40.0
八代海	類型指定水域数	4	4	4	4	4	4	4	4	4	4
	達成水域数	4	3	4	3	3	4	3	4	4	4
	達成率(%)	100.0	75.0	100.0	75.0	75.0	100.0	75.0	100.0	100.0	100.0

（注）　1　全窒素及び全りんともに環境基準を満足している場合に、達成水域とした。
　　　　2　海域については、全窒素のみ又は全りんのみ環境基準を適用する水域はない。
［環境省水・大気環境局：令和3年度公共用水域水質測定結果（令和5年1月）表12より一部抜粋］

【水生生物保全に係る環境基準項目（全亜鉛）】（2021年度）（表5）

- 河川　**98.2%**[※]（前年度98.5%）
- 湖沼　**99.1%**（前年度100%）
- 海域(0.02mg/L未満)　**100%**（前年度97.1%）
- 全体　**98.4%**（前年度98.6%）

表5　水生生物保全に係る環境基準の達成状況（全亜鉛）

《河川》

類型	水域数		達成水域数		達成率（%）	
	令和3年度	令和2年度	令和3年度	令和2年度	令和3年度	令和2年度
生物A	573	567	571	565	99.7	99.6
生物特A	32	31	32	31	100.0	100.0
生物B	637	628	617	612	96.9	97.5
生物特B	2	2	2	2	100.0	100.0
合計	1,244	1,228	1,222	1,210	98.2	98.5

《湖沼》

類型	水域数		達成水域数		達成率（%）	
	令和3年度	令和2年度	令和3年度	令和2年度	令和3年度	令和2年度
生物A	77	76	77	76	100.0	100.0
生物特A	0	0	0	0	−	−
生物B	35	34	34	34	97.1	100.0
生物特B	5	5	5	5	100.0	100.0
合計	117	115	116	115	99.1	100.0

《海域》

類型	水域数		達成水域数		達成率（%）	
	令和3年度	令和2年度	令和3年度	令和2年度	令和3年度	令和2年度
生物A	10	9	10	9	100.0	100.0
生物特A	26	25	26	24	100.0	96.0
合計	36	34	36	33	100.0	97.1

《全体》

類型	水域数		達成水域数		達成率（%）	
	令和3年度	令和2年度	令和3年度	令和2年度	令和3年度	令和2年度
合計	1,397	1,377	1,374	1,358	98.4	98.6

注：令和3年度調査は、令和2年度までに類型指定がなされた水域のうち、有効な測定結果が得られた水域について取りまとめたものである。

［環境省：令和3年度公共用水域水質測定結果］

【底層溶存酸素量】(図3)

　なお、底層溶存酸素量の基準値は「○mg/L以上」です（「以下」
ではない）。

- ・湖沼（生物1：4.0mg/L以上）　**48.9%**
- ・海域（生物1：4.0mg/L以上）　**71.4%**

図3　底層溶存酸素量濃度（日間平均値の年間最低値）の分布状況（地点数）

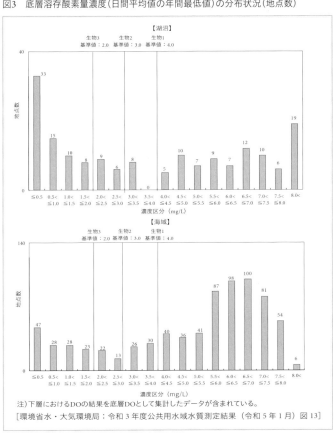

注）下層におけるDOの結果を底層DOとして集計したデータが含まれている。
［環境省水・大気環境局：令和3年度公共用水域水質測定結果（令和5年1月）図13］

●要監視項目の水質の状況

　要監視項目は、「人の健康の保護に関連する物質であるが、公共用水域等における検出状況等からみて直ちに環境基準とはせず、引き続き知見の集積に努めるべき物質」として設定されたものです。要監視項目について指針値の超過は、2021（令和3）年度は、2020（令和2）年5月に追加されたPFOS及びPFOAを加えた27項目について調査され、**モリブデン**、**アンチモン**、

表6　人の健康の保護に係る要監視項目の指針値超過状況（2021（令和3）年度）

項目名・指針値（mg/L 以下）	水域	河川			湖沼			海域			調査都道府県数
		調査地点数	超過地点数	超過率（%）	調査地点数	超過地点数	超過率（%）	調査地点数	超過地点数	超過率（%）	
クロロホルム	0.06	881	0	0	41	0	0	116	0	0	40
トランス -1,2- ジクロロエチレン	0.04	688	0	0	25	0	0	76	0	0	41
1,2- ジクロロプロパン	0.06	682	0	0	24	0	0	76	0	0	41
p- ジクロロベンゼン	0.2	687	0	0	24	0	0	76	0	0	41
イソキサチオン	0.008	671	0	0	25	0	0	73	0	0	41
ダイアジノン	0.005	685	0	0	25	0	0	73	0	0	42
フェニトロチオン（MEP）	0.003	680	0	0	25	0	0	73	0	0	42
イソプロチオラン	0.04	716	0	0	25	0	0	73	0	0	42
オキシン銅（有機銅）	0.04	696	0	0	23	0	0	66	0	0	41
クロロタロニル（TPN）	0.05	664	0	0	25	0	0	73	0	0	41
プロピザミド	0.008	666	0	0	25	0	0	73	0	0	41
EPN	0.006	825	0	0	46	0	0	133	0	0	41
ジクロルボス（DDVP）	0.008	663	0	0	25	0	0	73	0	0	41
フェノブカルブ（BPMC）	0.03	676	0	0	25	0	0	73	0	0	41
イプロベンホス（IBP）	0.008	669	0	0	25	0	0	73	0	0	41
クロルニトロフェン（CNP）	−	648	−	−	24	−	−	73	−	−	40
トルエン	0.6	708	0	0	25	0	0	90	0	0	41
キシレン	0.4	687	0	0	25	0	0	91	0	0	41
フタル酸ジエチルヘキシル	0.06	691	0	0	26	0	0	58	0	0	41
ニッケル	−	930	−	−	29	−	−	95	−	−	43
モリブデン	0.07	732	1	0.1	26	0	0	72	0	0	43
アンチモン	0.02	699	3	0.4	21	0	0	61	0	0	42
塩化ビニルモノマー	0.002	532	0	0	20	0	0	58	0	0	37
エピクロロヒドリン	0.0004	499	1	0.2	18	0	0	61	1	2	37
全マンガン	0.2	866	23	2.7	43	3	7.0	75	0	0	42
ウラン	0.002	556	1	0.2	22	0	0	70	57	81.4	36
ペルフルオロオクタンスルホン酸（PFOS）及びペルフルオロオクタン酸（PFOA）	0.00005（暫定）*	703	38	5.4	29	0	0	84	0	0	31

注：1）評価は年間平均濃度による。

　　2）PFOS 及び PFOA の指針値（暫定）については、PFOS 及び PFOA の合計値とする。

　　3）指針値は平成 16 年 3 月 31 日付け環境省環境管理局水環境部長通知による。

　　4）一般的な海水中のウラン濃度は、0.003mg/L 程度といわれている。

　　　（出典：理科年表環境編（平成 24 年））

［環境省：令和 3 年度公共用水域水質測定結果］

が河川、**全マンガン**が河川と湖沼、**エピクロロヒドリン**、**ウラン**が河川と海域で、PFOS と PFOA が河川で指定値超過地点がみられました。他の項目は指針値を超過して検出されてはいません。

生活環境項目の水生生物保全に係る要監視項目※(6項目)については、河川、湖沼、海域とも、超過地点はありませんでした。

※：水生生物保全に係る要監視項目
①クロロホルム、②フェノール、③ホルムアルデヒド、④4-*t*-オクチルフェノール、⑤アニリン、⑥2,4-ジクロロフェノールが要監視項目として設定され、指針値が定められている。

4 地下水質の現状

地下水の水質については、カドミウム、鉛、六価クロムなど28項目について環境基準値が設定されています。2021(令和3)年度地下水質測定結果によると、地下水の全体的な汚染の状況を把握するために実施された概況調査の結果では、環境基準を超過した項目が1項目以上あった井戸は、調査対象井戸2,995本のうち153本で、**超過率は5.1％**（2020(令和2)年度5.9％）でした(表7)。

項目別の環境基準超過率は、**砒素**が2.4％と最も高く、次いで**硝酸性窒素及び亜硝酸性窒素**2.0％、**ふっ素**0.7％、**鉛**0.4％、**ほう素**0.2％、**クロロエチレン**0.2％、**総水銀**0.1％、**1,2-ジクロロエチレン**0.1％、**テトラクロロエチレン**0.1％、**トリクロロエチレン**0.1％の順でした。

要監視項目については、2021(令和3)年度は**全マンガン**が調査井戸274本中42本(超過率14.8％)、**ウラン**が調査井戸238本中2本(0.8％)の井戸で指針値を超過しました(表8)。

> ### ✅ ポイント
>
> ①環境基準(公共用水域・地下水)の達成状況の傾向を理解する(特に達成率が低い項目)。
> ②健康項目(公共用水域・地下水)については超過した項目を覚えておく。
> ③BOD、COD、窒素、りんについては、河川、湖沼、海域ごとの達成状況を覚えておく。
> ④要監視項目の指針値を超過したものについても押さえておく。

表7　2021(令和3)年度地下水質測定結果(概況調査)

項目	概況調査結果					(参考) 令和2年度 概況調査結果		
	調査数 (本)	検出数 (本)	検出率 (%)	超過数 (本)	超過率 (%)	調査数 (本)	超過数(本)	超過率(%)
カドミウム	2,504	17	0.7	0	0.0	2,586	0	0.0
全シアン	2,334	0	0.0	0	0.0	2,404	0	0.0
鉛	2,613	156	6.0	10	0.4	2,692	6	0.2
六価クロム	2,552	2	0.1	0	0.0	2,609	0	0.0
砒素	2,654	338	12.7	63	2.4	2,724	57	2.1
総水銀	2,495	2	0.1	2	0.1	2,577	1	0.0
アルキル水銀	653	0	0.0	0	0.0	494	0	0.0
PCB	1,879	0	0.0	0	0.0	1,943	0	0.0
ジクロロメタン	2,564	0	0.0	0	0.0	2,636	0	0.0
四塩化炭素	2,481	12	0.5	0	0.0	2,554	0	0.0
クロロエチレン (別名塩化ビニル又は塩化ビニルモノマー)	2,337	20	0.9	4	0.2	2,385	1	0.0
1,2- ジクロロエタン	2,468	2	0.1	0	0.0	2,544	0	0.0
1,1- ジクロロエチレン	2,444	11	0.5	0	0.0	2,513	0	0.0
1,2- ジクロロエチレン	2,575	37	1.4	2	0.1	2,651	3	0.1
1,1,1- トリクロロエタン	2,573	14	0.5	0	0.0	2,649	0	0.0
1,1,2- トリクロロエタン	2,341	5	0.2	0	0.0	2,414	0	0.0
トリクロロエチレン	2,644	56	2.1	2	0.1	2,722	4	0.1
テトラクロロエチレン	2,638	76	2.9	2	0.1	2,716	5	0.2
1,3- ジクロロプロペン	2,169	0	0.0	0	0.0	2,199	0	0.0
チウラム	2,105	0	0.0	0	0.0	2,135	0	0.0
シマジン	2,103	0	0.0	0	0.0	2,132	0	0.0
チオベンカルブ	2,103	0	0.0	0	0.0	2,132	0	0.0
ベンゼン	2,518	2	0.1	0	0.0	2,573	0	0.0
セレン	2,346	35	1.5	0	0.0	2,419	0	0.0
硝酸性窒素及び亜硝酸性窒素	2,773	2,379	85.8	56	2.0	2,871	94	3.3
ふっ素	2,589	1,057	40.8	18	0.7	2,635	21	0.8
ほう素	2,500	838	33.5	4	0.2	2,562	7	0.3
1,4- ジオキサン	2,320	7	0.3	0	0.0	2,382	0	0.0
全体	2,995	2,743	91.6	153	5.1	3,102	184	5.9

(注)1　検出数とは各項目の物質を検出した井戸の数であり、検出率とは調査数に対する検出数の割合である。
　　　超過数とは環境基準を超過した井戸の数であり、超過率とは調査数に対する超過数の割合である。
　　　環境基準超過の評価は年間平均値による。ただし、**全シアンについては最高値とする。**
　　2　全体とは全調査井戸の結果で、全体の超過数とはいずれかの項目で環境基準超過があった井戸の数であり、全体の超過率とは全調査井戸の数に対するいずれかの項目で環境基準超過があった井戸の数の割合である。
[環境省：令和3年度地下水質測定結果]

表8　地下水要監視項目の測定結果

項目名	令和 3 年度				平成 6 ～令和 2 年度				指針値 （mg/L 以下）
	調査井戸 数	超過数 （本）	超過率 （%）	調査都道 府県数	調査井戸 数	超過数 （本）	超過率 （%）	調査都道 府県数	
クロロホルム（要監視）	380	0	0	24	13,426	0	0	42	0.06
1,2- ジクロロプロパン	301	0	0	22	9,881	0	0	40	0.06
p- ジクロロベンゼン	301	0	0	22	9,649	0	0	40	0.2
イソキサチオン	241	0	0	21	6,810	0	0	40	0.008
ダイアジノン	246	0	0	21	6,866	0	0	40	0.005
フェニトロチオン	235	0	0	20	6,857	1	0.0	40	0.003
イソプロチオラン	235	0	0	20	6,798	0	0	40	0.04
オキシン銅	235	0	0	20	6,606	0	0	40	0.04
クロロタロニル	235	0	0	20	6,842	0	0	40	0.05
プロピザミド	235	0	0	20	6,810	0	0	40	0.008
EPN	325	0	0	20	11,879	0	0	41	0.006
ジクロルボス	235	0	0	20	6,754	0	0	40	0.008
フェノブカルブ	235	0	0	20	6,744	0	0	40	0.03
イプロベンホス	235	0	0	20	6,711	0	0	40	0.008
クロルニトロフェン	233	–	–	19	7,206	–	–	41	–
トルエン	302	0	0	22	10,333	0	0	41	0.6
キシレン	302	0	0	22	10,337	1	0.0	41	0.4
フタル酸ジエチルヘキシル	206	0	0	20	6,224	1	0.0	40	0.06
ニッケル	269	–	–	21	8,664	–	–	40	–
モリブデン	225	0	0	21	7,002	2	0.0	40	0.07
アンチモン	258	0	0	21	8,283	1	0.0	40	0.02
エピクロロヒドリン	161	0	0	16	2,892	1	0.0	16	0.0004
全マンガン	274	42	14.8	17	5,393	666	12.3	21	0.2
ウラン	238	2	0.8	17	3,887	32	0.8	17	0.002
ペルフルオロオクタンスルホン酸（PFOS）及びペルフルオロオクタン酸（PFOA）の合算値	317	43	13.6	17					0.00005 （暫定）*

＊ PFOS 及び PFOA の指針値（暫定）については、PFOS 及び PFOA の合算値とする。
（注）：超過数とは指針値を超過した井戸の数であり、超過率とは調査数に対する超過数の割合である。
　　　　指針値超過の評価は年間平均値による。
　　　　平成6～令和2年までの超過井戸数は、測定当時の指針値を超過した本数を累計したものである。
［環境省：令和 3 年度地下水質測定結果］

練習問題

問5 環境省の平成26年度公共用水域水質測定結果に関する記述として，誤っているものはどれか。

(1) 健康項目の環境基準達成率は，約99％であり，ほとんどの地点で達成されている。

(2) 健康項目の環境基準を超過したふっ素，ほう素の主な原因は産業排水由来である。

(3) 健康項目の環境基準を超過したものには，カドミウム，鉛，ひ素，ふっ素，ほう素などがある。

(4) 水生生物保全に係る環境基準に設定されている全亜鉛に関しては，湖沼においては基準を超過した地点はなかった。

(5) 公共用水域における要監視項目に関しては，アンチモン，エピクロロヒドリン，全マンガンなどについて指針値を超過した地点があった。

解 説

平成26年度の公共用水域水質測定結果について問われています。

(2)では、ふっ素、ほう素の主な原因は「産業排水由来」となっていますが、正しくは「自然由来」です。

POINT

公共用水域及び地下水の水質測定結果に関する問題は、公害総論では毎年出題されています。水質概論での出題頻度は高くありませんでしたが、最近は出題頻度があがり、細かな数値を問う問題が出題されていますので、数値を含めて確実に記憶しておく必要があります。

出題の特徴として、環境基準が設定されている物質に加えて、要監視項目を含めたより広い範囲で水質汚濁の状況が問われます。特に、環境基準を超過した地点のある物質名と要監視項目で指針値を超過した地点のある物質名は必ず記憶しておきましょう。

環境白書等で公表された調査結果が出題されますが、試験を受ける年の3年前の

調査結果が出題されていますので、調査年度にも注意して記憶する必要があります。

　また、記憶する際は、全部を記憶しようと思わず、特徴のあること、他と違うこと、意外性のあることを中心に記憶しておくと、他の選択肢の正誤が分からなくても、正解を見付けることができる場合が多くあります。

　本問もその例にもれず、環境汚染というとすぐに産業由来を思い浮かべると思いますが、ふっ素、ほう素の主な発生源として「自然由来が最も多い」という意外性をついた出題になっています。

<u>正解</u> ≫　（2）

練習問題

問 5　平成 10 年度〜25 年度までの環境省の公共用水域水質測定結果による，海域での COD 環境基準達成率に関する記述として，誤っているものはどれか。

(1)　東京湾では，達成率は 60 % 以下で推移している。

(2)　大阪湾では，達成率は 70 % 以下で推移している。

(3)　伊勢湾では，達成率は 60 % 以下で推移している。

(4)　大阪湾を除く瀬戸内海では，達成率は 90 % 以下で推移している。

(5)　海域全体では，達成率は 80 % 以下で推移している。

解　説

海域における COD の環境基準達成率に関する問題です（図 2 参照）。

東京湾の COD の環境基準達成率は 1976（昭和 51）年以降は 60 % 以上を維持しているので、(1)の「60 % 以下」が誤りです。

なお、(2)の大阪湾は、平成 10 年度〜平成 25 年度は問題文のとおり 70 % 以下で推移していましたが、2015（平成 27）年、2016（平成 28）年は 70 % 以上の達成率になっています。(3)の伊勢湾も同じく 2015 年、2016 年は 60 % 以上の達成率でした。(5)の海域全体では 2015 年は 80 % 以上の達成率でした。

近年は総量規制の推進などにより環境基準の達成率が向上する傾向にありますので、出題される年度のデータを押さえておくことが重要です。

POINT

BOD、COD の環境基準達成率についての問題は、本問に続いて平成 30 年にも出題されているので、今後出題頻度が高くなることが予想されます。

したがって、①河川、湖沼、海域及び全水域の環境基準達成率の値、②総量規制が実施されている閉鎖性海域（東京湾、伊勢湾、瀬戸内海（大阪湾を除く）、大阪湾）の環境基準達成率の値と傾向は記憶しておいたほうがよいでしょう。

どの海域が環境基準の達成率が一番高いか（もしくは低いか）、河川・湖沼・海域の各水域の達成率を順位付け・比較する問題だけでなく、本問のようにある海域の環境基準達成率とその傾向を問う問題も出題されていますので、問題の難易度は

上がってきているといえます。

　また、よくある受験での不注意として、たとえば「60％」という数値を記憶しておきながら(1)を「60％以上」と読み間違えて、正答を逃すようなことがあると思われます。出題される文章は落ちついて全文を丁寧に読むことが不注意によるミスを防ぐポイントです。特に文章に対義語が含まれる場合（以上・以下、高い・低い、大きい・小さい等）は細心の注意を払って問題文を読む必要があります。

正解 >> （1）

練習問題

問6　最近数年間における閉鎖性水域の環境基準達成率の現状に関する記述として，誤っているものはどれか。

(1)　湖沼における「全窒素」の達成率は，「全りん」の達成率より高い。

(2)　湖沼における「全窒素・全りん」の達成率は，ほぼ横ばいで推移している。

(3)　海域における「全窒素」の達成率は，湖沼における達成率よりも高い。

(4)　海域における「全窒素・全りん」の達成率は，80 ％を超えている。

(5)　海域における「全りん」の達成率は，ほぼ横ばいで推移している。

解説

　湖沼においては，全りんの環境基準達成率が 50 ％を超えているのに対して，全窒素は 10 ％台と圧倒的に悪くなっています（表 2 参照）。したがって，(1)が誤りです。

　また，湖沼における窒素とりんの両方（全窒素・全りん）の環境基準の達成率は 50 ％前後で推移しています。これに対して海域（表 3 参照）においては，全窒素は安定して 90 ％を超えており，全りんも 90 ％前後の達成率を維持しており，全窒素・全りんの達成率も 90 ％前後で推移しています。

POINT

　水質概論で全窒素，全りんの環境基準達成率が出題されたのは，試験制度変更（平成 18 年）以降では本問の他には平成 30 年の問 6 の小問の 1 つだけです。出題頻度としては低いですが，BOD，COD の環境基準達成率の出題頻度が増えそうな傾向がみられます（あまり達成状況が改善されていないこともその理由と考えられます）。今後，健康項目などの達成状況と組み合わせて出題される機会が増えることが予想されますので，全窒素，全りんの達成率についても記憶しておくことをおすすめします。

正解 >> （1）

4-3 海洋汚染の現状

ここでは海洋汚染の状況について解説します。油や廃棄物の流出によるものが主な汚染の原因となっています。

1 海洋汚染の発生件数

海上保安庁が確認した我が国周辺海域における汚染の発生件数は、2021（令和3）年が**493件**と前年（453件）に比べ40件増加しました。これを汚染物質別にみると、**油**による汚染が332件、**廃棄物**による汚染が139件、**有害液体物質**による汚染が14件、その他（工場排水等）による汚染が8件です（図1）。

図1　海洋汚染の発生確認件数の推移

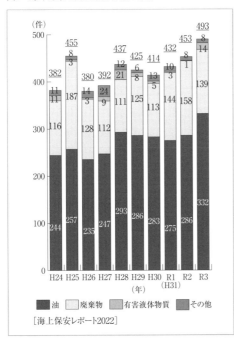

練習問題

平成25・問7

> 問7　海上保安庁の海上保安レポート2012による，2006(平成18)年から2011(平成23)年の我が国周辺海域における汚染の発生件数に関する記述として，誤っているものはどれか。
>
> (1) 汚染の全発生件数は，2008(平成20)年以降減少している。
>
> (2) 有害液体物質による汚染件数は，廃棄物による汚染件数よりも多い。
>
> (3) 赤潮による汚染件数は，青潮による汚染件数よりも多い。
>
> (4) 油による汚染件数が最も多い。
>
> (5) 汚染の全発生件数は，2011(平成23)年では391件であった。

解説

海洋汚染の発生件数に関する問題です。

近年の海洋汚染の汚染物質別にみると、油、廃棄物、有害液体物質の順で割合が高くなっています（図1参照）。出題の年度でも同様でした。したがって、(2)が誤りです。

POINT

水質概論で海洋汚染の発生件数について出題されたのは、試験制度変更（平成18年）以降では本問だけです。今後出題される可能性は低いと思われますが、これまで出題されていなかったBOD、CODの環境基準達成率も出題頻度が高くなっている傾向にありますので、海洋汚染についても出題傾向が変わらないとは言い切れません。したがって、本問の内容も該当する年度のデータで記憶しておくとよいでしょう（図1参照）。

なお、油による汚染の主な原因は、タンカーなどからのバラスト水（荷揚げ時にタンカーの貯槽に残った油混じりの水。貯槽に油を入れたあと、船のバランスをとるために加える水）の不法投棄によるものと考えられています。

(3)については、以前は環境白書で赤潮、青潮の発生件数も公表されていましたが、現在は発表されていませんので、出題される可能性は極めて低いと思われます。

正解 >> (2)

4-4 総量規制の動向

ここでは総量規制の動向について解説します。総量規制（第2章参照）における総量削減基本方針の概要が主な内容です。

1 水質汚濁の状況

水質汚濁の状況の背景としては、工場・事業場排水については、排水規制の強化等の措置が効果を現している一方、生活排水等については**下水道整備がいまだ不十分**であることに加えて、内湾、内海、湖沼等については水が滞留し、汚濁物質が蓄積しやすいという**閉鎖性水域の物理的特性**も関与し、さらに、内湾や内海臨海部では**人口や産業集中**など社会経済的要因も水質汚濁の原因に加わっていることも重要です。

東京湾、伊勢湾、瀬戸内海については、水環境の改善を進めるため、化学的酸素要求量、窒素含有量及びりん含有量の総量を削減する**総量規制**が実施されています。2022（令和4）年1月24日、水質汚濁防止法の規定に基づき、**第9次総量削減基本方針**が策定されています。

総量削減基本方針に基づき、関係都府県よる総量削減計画が策定されていますが、総量削減基本方針の削減目標量を達成するための対策等として、各都府県の実情に応じ、次のような事項が定められています。

①**下水道、浄化槽**等の生活排水処理施設の整備及び高度処理化

②**合流式下水道**の改善

③小規模特定事業場に対する**上乗せ排水基準**※の設定

④**未規制事業場**※等に対する排水規制

⑤環境保全型農業の推進、家畜排せつ物の適正管理、養殖漁

※：上乗せ排水基準
都道府県が条例により決めた国の基準を上回る厳しい排水基準のこと（第2章2-4「排水基準」参照）。

※：未規制事業場
排水基準が適用されるのは、水質汚濁防止法で規定された特定施設が設置された工場・事業場（特定事業場）の敷地境界から公共用水域に排出される排出水である。したがって、特定事業場以外からの排水は規制対象外となる。また、生活環境項目については、排水量が50m³/日未満の特定事業場には適用されない。

　　場の環境改善

⑥干潟・藻場の再生・創出

⑦浚渫、覆砂等の底質改善対策

⑧生物共生型護岸等の環境配慮型構造物の採用　等

☑ ポイント

①水質汚濁防止法の総量規制では、総量規制基本方針に基づき、関係都府県により総量削減計画が策定される。

②現在、第9次総量規制基本方針が策定され、汚濁負荷量の削減が進められている。

第5章

水質汚濁の発生源

水質汚濁発生源

本章では水質汚濁と発生源について解説します。ここでは、主な水質汚濁発生源について解説します。水質汚濁の原因となる有機物、窒素、りんなどの発生源について理解しておきましょう。

1 水質汚濁の要因

　流域における汚濁物質の発生は、**人の経済活動**に由来する汚濁が主体ですが、**自然現象**に伴う汚濁要因からの発生もあります。汚濁負荷の概念は、元々河川における**酸素欠乏**が原因で生じる魚類斃死（へいし）などの水質事故問題から派生しています。すなわち、**生活排水**や工場排水中の**有機物**※が多量に環境水中に放出された場合、微生物による有機物分解のために水中の**溶存酸素**が消費され、嫌気化※するため水生生物が生息できなくなります。

●内部生産

　一方、湖沼をはじめダム貯水池や内湾などの閉鎖性水域では、滞留時間が長いこと、表層のある水深までは太陽光が十分に届くことから、窒素やりんなどのいわゆる**栄養塩類**の存在によって、**植物プランクトン**等が増えることとなります。すなわち、光合成作用は**光**と**窒素**及び**りん**から有機物を生成するプロセスであり、湖沼等の閉鎖性水域で起こりやすくなります。これを**内部生産**※といいます。

　植物プランクトン体の**炭素：窒素：りん比は106：16：1**とされています（一般には**レッドフィールド比**と呼ばれています）。この比から計算すると、りん1gから炭素41gが生産され、窒素1gから炭素約5.7gが生産されることになります（実際には、炭素の約50％は増殖エネルギーや呼吸として利用され水と

※：有機物
有機物（＝有機化合物）とは、炭素を含む化合物の総称（ただし、炭素と酸素だけからなるもの（一酸化炭素や二酸化炭素など）など構造が単純なものを除く）。

※：嫌気化
酸素のない状態になること。

※：内部生産
生活排水、工場・事業場等による汚濁負荷が河川を通じて閉鎖性水域に流入する外部的な有機物に対し、水域内で植物プランクトン等の有機物が生産されるため「内部生産」と呼ばれる。

炭酸ガスになることを考慮する必要があります)。

　上述のような結果として、様々な水質障害、例えば浄水場での**ろ過障害**や、植物プランクトンの大量発生による**魚介類の斃死**などが生じることになります。

2 汚濁負荷発生源の種類

　水質に係る汚濁負荷発生源には人為汚濁と自然汚濁(山林や裸地などから雨天時に流出するもの)がありますが、人為汚濁の割合が極めて高いのはいうまでもありません。

　汚泥負荷の発生源は次のように分類されます。

◉生活系発生源

　一般家庭において日常の生活で発生(し尿含む)するものです。各発生源からのし尿や生活雑排水のほとんどは次の浄化槽によって処理されます。

　　・**高度合併処理浄化槽**※：**生活雑排水**と**し尿**をともに処理をした後、河川などに排出されます。新設はこの方式のみ許可されています。

　　・**単独処理浄化槽**：**し尿のみ**を処理して河川等に排出されます。生活排水は未処理でそのまま河川に排出されています。新設は認められていません。

◉産業系発生源

　工場・事業場からの排水等によるものです。

　排水処理設備で排水基準以下まで処理後に河川などに放流、又は、下水道の受け入れ基準まで処理後に下水道処理施設で処理されます。

◉畜産系発生源

　ウシ、ブタ、ニワトリなどの排泄物に由来するものです。基本的には**堆肥**として有効利用されることもありますが、利用で

※：合併処理浄化槽
浄化槽法が改正され、2001(平成13)年4月1日からは単独処理浄化槽の設置が原則禁止されたため、現在では浄化槽とは「合併処理浄化槽」を指す。過去に設置された単独処理浄化槽は「みなし浄化槽」と呼ばれる。

きる季節が限定されることもあり、不適切な管理によってそのまま野積み状態となるなど、河川や地下水に流出して汚濁負荷の要因※になります。

※：汚濁負荷の要因
地下水の環境基準超過地点の割合が最も多いのは、硝酸性窒素及び亜硝酸性窒素である（第4章4-2「水質汚濁の現状」表6参照）。

●**農地系発生源**

　雨天時に農地から流出、又は地下浸透で徐々に流出するものです。

　大きくは化学肥料と有機質肥料の流出があります。また、微量汚染物質の排出源として農薬の散布があります。

●**市街地系発生源**

　屋根や舗装道路などから雨水によって洗い流されてくるものです。

　合流式下水道※の整備区域においては、大雨などにより雨水の量が増加した場合、汚水の一部が処理されずにそのまま河川へ排出されます。**分流式下水道**※の整備区域においては、屋根や路面を洗い流した雨水がそのまま河川へ排出されるため、土砂などの流出が問題になっています。

※：合流式下水道
合流式とは「汚水（生活雑排水）」と「雨水」を1本の管に集めて処理する方式。雨水の量が増え、流入水（汚水と雨水）が一定の量を超えると、超過した流入水は未処理のまま公共用水域に直接放流される構造になっている。

※：分流式下水道
分流式とは「汚水」と「雨水」を別々の管に流す方式。汚水は下水道処理施設（終末処理場）で処理され、処理されたあとに公共用水域に放流される。雨水はそのまま公共用水域に放流される。

●**自然系発生源**

　山林や裸地などから流出してくるものです。

　自然の植生生産活動と土壌環境からの養分流出により、有機成分や窒素、りん、その他の無機質成分が流出します。また、街中にある裸地などから雨天時に土砂が流出し、汚濁負荷が発生することがあります。

❸ 汚濁発生源の対策

●**バイオ・エコエンジニアリングによる負荷削減対策**

　汚濁負荷の発生源対策は基本的には、**排出抑制対策**と**汚濁負荷の削減対策**の2つです。現在は主に後者の汚濁負荷削減対策が講じられています。現在適用されている技術の分類と種類を

表1 汚水・廃水処理技術の分類と種類

処理方式分類	処理原理	主な処理技術
物理的処理	篩 ろ過 比重差 熱エネルギー 電気エネルギー 浸透圧	スクリーン ろ過（砂ろ過等）、膜ろ過 重力沈降、浮上分離 蒸発、乾燥、焼却 電気分解 逆浸透膜
化学的処理	酸化反応 還元反応	酸化分解 還元分解
物理化学的処理	界面電位 吸着 イオン交換 電気化学反応 亜臨界反応	凝集沈殿、凝集浮上 活性炭吸着・人工吸着材 イオン交換樹脂・膜 電気透析、電気分解 亜臨界水分解
生物学的処理	好気性分解菌 嫌気性分解菌 微生物膜 好気・嫌気分解菌	活性汚泥法 嫌気性消化法 生物膜法 生物学的脱窒、脱りん除去
生態学的処理	水生植物・動物プランクトン 土壌微生物・土壌吸着	植生浄化法 土壌浸透浄化法

表1に示します。

　産業系排水の処理施設等では、有害物質、油分、高濃度有機性排水等は**沈殿**、**吸着**、**電気分解**、**イオン交換**、**中和**、**凝集**等が活用されていますが、**生物処理**と組み合わせて処理されることも多くみられます。河川等の流域管理でバイオ技法とエコ技法を最適に組み合わせた負荷削減手法が**バイオ・エコエンジニアリング**です。表2に、現在、有機汚濁負荷及び窒素・りん除去対策に一般的に適用されている処理技術を示します。

4 水環境保全対策の施策

　水質環境保全のための主な関係法律として、水質汚濁防止法、下水道法、浄化槽法、湖沼水質保全特別措置法などがあります。このうち水質汚濁防止法、下水道法、浄化槽法は**濃度規制**について定められています。また、水質汚濁防止法及び湖沼水質保全特別措置法では**汚濁負荷量**による規制について定められています。

表2　有機汚濁負荷及び窒素・りん除去対策に適用されている処理技術

対策	生物物理化学的排水処理分野の代表的な負荷削減対策技法		処理性能の基本特性		
			BOD	T-N	T-P
バイオエンジニアリング等の対策	生活系及び産業系排水の浄化処理技術　下水道、浄化槽、し尿処理場（汚泥再生処理センター）、コミュニティプラント、食品工場、畜舎等の排水処理施設　等	標準活性汚泥法	◎	−	−
		回分式活性汚泥法	◎	○	−
		長時間曝気活性汚泥法	◎	−	−
		高温/中温嫌気性消化法	◎	−	−
		AO（嫌気・好気活性汚泥法）法	◎	◎	−
		A2O（嫌気・無酸素・好気活性汚泥）法	◎	◎	●
		嫌気・好気回分式活性汚泥法	◎	◎	●
		オキシデーションディッチ法	◎	◎	●
		AOSD（酸素供給自動制御活性汚泥）法	◎	◎	◎
		DO制御式間欠曝気活性汚泥法	◎	◎	●
		嫌気・好気膜分離活性汚泥法	◎	◎	●
		嫌気・好気生物膜循環法	◎	◎	−
		嫌気・好気生物膜ろ過循環法	◎	◎	−
		嫌気・好気包括固定化循環法	◎	◎	−
		嫌気・好気担体流動循環法	◎	◎	−
		UASB（上向流嫌気自己造粒汚泥床）法	◎	−	−
		吸着脱りん法	−	−	◎
		晶析脱りん法	−	−	◎
		鉄電解脱りん法	−	−	◎
エコエンジニアリング対策	湖沼、内湾、河口等流域の水域緩衝帯浄化技法	礫間接触酸化法	○	−	−
		接触材充填水路浄化法	○	−	−
		生物膜ろ過法	◎	−	−
		接触曝気法	◎	−	−
		アシ等水生植物植栽浄化(表面・浸透・垂直流)法	◎	○	○
		クウシンサイ等植栽水耕栽培フロート浄化法	◎	○	○
		マツモ等沈水植物植栽浄化法	◎	○	○
		土壌浄化法（多段式嫌気ろ床・土壌トレンチ等）	◎	○	○

◎：高度除去、○：効果的除去、●：除去能力あり、−：除去能はないか低い。
高度処理とは BOD 10mg/L 以下、T-N 10mg/L 以下、T-P 1mg/L 以下の除去能力を有する技法を称する。
AOSD：Automatic oxygen Supply Devise、UASB：Upflow Anaerobic Sludge Blanket。嫌気・好気活性汚泥法及び生物膜法等では凝集剤を添加することでりん除去の高度化が可能である。

5-2 水質汚濁の原因物質と水質指標

水質汚濁の原因物質と水質指標について解説します。BODやCODなどの水質指標が何を評価するものなのかを理解しておきましょう。

1 水質汚濁の原因物質と水質指標

水質汚濁問題は、**有機物**による汚濁により水中の**酸素**が消費されることから発しています。水中からの酸素消費は水中微生物が有機物を酸化分解してエネルギーを取り出すために必要な酸素を水中から消費することで生じます。

そのため、代表的な有機汚濁指標としては、**BOD**（生物化学的酸素要求量）、**COD**（化学的酸素要求量）が用いられています。また、前項の5-1でみたように、植物プランクトン等の増殖には**炭素**、**窒素**、**りん**の存在が影響しています。そのため、富栄養化指標の代表的なものとして**窒素**、**りん**が用いられています。

水質汚濁指標は大別すると次の5項目に分類されます。
　①有機汚濁指標
　②富栄養化指標
　③富栄養化による障害の指標
　④重金属汚染指標
　⑤汚染微生物指標

2 有機汚濁指標

有機汚濁指標で対象とする有機物は、生物体を構成する有機物及び生物による代謝活動によって排泄される有機物で、**生物学的に分解が可能なもの**を主に対象としています。人工的につくられる有機塩素化合物等の毒性が問題となるものは別の指標として取り扱われます。

● BOD（生物化学的酸素要求量：bio-chemical oxygen demand）

BOD※は、水中の好気性の微生物によって消費される**酸素の量**を表したものです。この値が大きいほど、水中に**有機物等が多く、汚濁負荷（汚濁の度合い）が大きい**ことを示しています。代表的な測定方法として、試料を20℃で5日間放置し、微生物によって消費される酸素の量をはかる方法があります。

詳しくは後述の窒素のところで説明しますが、BODは、有機体の分解に伴う酸素消費量（C-BOD）と無機体の窒素化合物の分解に伴う酸素消費量（N-BOD）を区別して考えることがあります。つまり、BOD = C-BOD + N-BOD という関係があります。図1にBODの考え方を示します。

● COD（化学的酸素要求量：chemical oxygen demand）

COD※は、水中の有機物を酸化剤で強制的に酸化分解させ、その際に消費された酸化剤の量を測定することで、そのとき消費された**酸素の量**を表したものです。

代表的なCODの測定法として、**COD$_{Mn}$** と **COD$_{Cr}$** とがあり

図1 BOD概念図

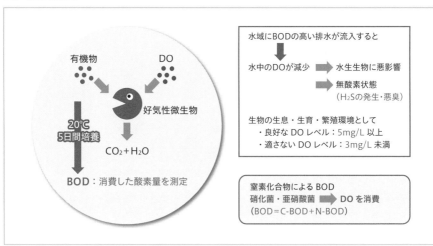

図2 COD概念図

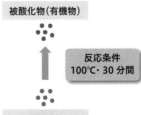

被酸化物（有機物）

反応条件
100℃・30分間

酸化剤
● 過マンガン酸カリウム（COD$_{Mn}$）
● 二クロム酸カリウム（COD$_{Cr}$）

COD：消費された酸化剤の量を酸素に換算
日本：過マンガン酸カリウム（COD$_{Mn}$）
海外：二クロム酸カリウム（COD$_{Cr}$）

CODは
BODでは測定できない藻類やプランクトンの量を測定できるため、赤潮やアオコの発生を評価する必要がある湖沼や海域の有機汚濁の水質指標として用いられる。
測定値：反応条件により大きな影響を受ける。還元性無機物の酸化での消費分も含まれる。

酸化力の強さの比較
二クロム酸カリウム＞過マンガン酸カリウム

同一試料を分析した場合の酸素消費量の比較
BOD ＜ COD$_{Mn}$ ＜ COD$_{Cr}$

ます。COD$_{Mn}$は酸化剤として**過マンガン酸カリウム**を用い100℃の沸騰水浴中で30分間加熱し、COD$_{Cr}$は**二クロム酸カリウム**を用い2時間煮沸し、分解されるときに消費される酸素量を求める方法です。二クロム酸カリウムは過マンガン酸カリウムより**酸化力が強い**ため、一般にCOD$_{Cr}$はCOD$_{Mn}$に比べて大きな値となります（図2）。

CODは、BODでは測定できない藻類やプランクトンの量を測定できるため、赤潮やアオコの発生を評価する必要がある**湖沼**や**海域**の有機汚濁の水質指標として用いられます。

● **TOC**（全有機炭素：total organic carbon）

BODは水中の微生物により分解されやすい有機物の指標であり、CODは酸化剤の酸化力が十分働かない可能性もありますので、分解しにくい有機物の場合は正確な値が得られないことも考えられます。

TOC[※]は水中に含まれる**有機物の全量**を炭素量として表したものです。BOD、CODのように有機物の特性や酸化剤の能力などの影響を受けませんので、量的指標として優れたものとい

※：TOC

河川、湖沼、海域における有機汚濁の程度を表す指標。TOC計を用いて測定する。TOC計の原理は、試料水を高温で燃焼して水中のすべての炭素系物質を二酸化炭素として定量し、それとは別に低温で分解して無機態炭素から発生する二酸化炭素を定量して、両者の差をとるもの（高温燃焼法）が一般的な方法。

えます。

● SS (浮遊物質：suspended solid)

　SS※は水中の懸濁している不溶解性物質のことで、網目2mm
のふるいを通過し、孔径1μmのガラス繊維ろ紙上に捕捉され
る物質と定義されています。下水、工場排水などの人為的汚濁
物質や農耕地からの雨天時に流出する汚濁物質、自然の粘土鉱
物に由来する微粒子から構成されています。また、動植物プラ
ンクトン及びその死骸などに由来する有機物や金属の沈殿物が
含まれます。

　SSは次のような様々な水質影響を与えます。

①濁りの増加(透明度の悪化)

②光合成を阻害

③魚類のえらの閉塞の原因

④沈殿堆積してへどろ化、腐敗分解し悪臭を発生

⑤土壌の透水性の低下、作物の生育不良、根腐れの原因

● VSS (強熱減量：volatile suspended solid)

　VSSは、SSを強熱したときに揮発する物質の量を表したも
のです。

　試料水を孔径1μmのガラス繊維ろ紙でろ過後、105 ～ 110℃
で乾燥し(このときの量がSS)、蒸発乾固し、約600℃で灰化(強
熱・燃焼)したときの残留物を「強熱残留物」といいます。VSS
は強熱残留物に至るまでの減少量を求めたものです。

※：DO
DOは水質汚濁に係る
環境基準の生活環境項
目として「河川・湖沼・
海域」に設定される項
目(第1章参照)。

　VSSは水中の全有機物の量や微生物量(有機性浮遊物)の目安
となるものであり、藻類の発生量や底質中の有機物量(藻類の
死骸に起因します)を推定する指標としても用いられます。

● DO (溶存酸素：dissolved oxygen)

　DO※は水中に溶解している酸素の量を表したものです。水
中における酸素の飽和量※は気圧、水温、塩分等に影響されま

図3　水域での酸素の供給と消費の関係

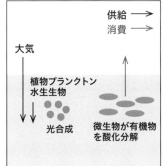

水域での酸素の供給と消費

供給 ⟶
消費 ⟶

大気

植物プランクトン
水生生物

光合成　　微生物が有機物
　　　　　を酸化分解

●きれいな水ほど酸素は多く含まれる
※ただし、水中に植物プランクトンや水生生物が多く含まれる場合は過飽和状態になるので、DOだけでは有機汚濁の程度は把握できないこともある。

ヘンリーの法則※　　$p = H \cdot C$

飽和溶存酸素濃度
水に酸素が最大に溶け込んだときの濃度
・気圧が高いほど　→　DO 高
・水温が低いほど　→　DO 高
（塩類濃度が少ないほど　→　DO 高）
20℃，101.3kPa→9.09mg/L の酸素が溶解

すが、DOと水質の関係は、きれいな水ほどその温度における飽和量に近い量が含まれるといえます。

　閉鎖性水域の底層水の指標として用いられます。底層水の溶存酸素濃度が極めて低くなると嫌気性分解が起こり、**硫化水素**や**アンモニア**などの**悪臭物質**が発生し、また、一部の**重金属**が溶出しやすくなります。

　また、水中への酸素の溶解には、水面を通して**大気**から溶解するルートと水中の**植物プランクトン**から供給されるルートがあります。水域での酸素の供給と消費の関係を図3に示します。図3（右）に示すように、気体の水中への溶解度はヘンリーの法則※に従うため、**水温が低い**ほど、**気圧が高い**ほど、酸素は水によく溶けることになります。

◉**透視度**

　水の透き通りの度合いを示すものです。透視度計で測定します。

　透明ガラス管に試料を入れ、底に置いた標識板の二重十字が初めて明らかに見分けられるときの水の高さをはかります

※：ヘンリーの法則
「温度が一定の場合、溶液中の気体の濃度はその気体の分圧に比例する」という法則。図中のpは気体の分圧（Pa）、Hはヘンリー定数（Pa・m³/mol）、Cは気体の濃度（mol/m³）を表す。なお、ヘンリー定数はほとんどの場合、温度が高いほど大きな値となる。

第1章
第2章
第3章
第4章
第5章
第6章
第7章
第8章

（10mm＝1度として表します）。

●大腸菌群から大腸菌へ

　大腸菌群とは、大腸菌及び大腸菌と極めてよく似た性質を持つ細菌の総称です。し尿汚染の指標として広く用いられています。

　大腸菌は野生動物や家畜及び健康な人の腸内に共生する細菌です。そのため、大腸菌群が検出されれば、し尿汚染が疑われることになります。ただし、大腸菌群自身は、普通病原性はなく、また、ふん便性ではない環境中の大腸菌群も存在するので、大腸菌群が検出されたからといって直ちにその水が汚染されているとは判断できません。この度、ふん便性の大腸菌とふん便性以外の大腸菌を区別して測定する技術が開発されたため、2022（令和4）年4月1日施行で大腸菌群数から大腸菌数に環境基準が変更となりました。単位もCFU（Colony forming unit：コロニー形成単位※）/mLに変わりました。

❸ 富栄養化指標

　富栄養化の指標には、富栄養化の原因となる物質指標と富栄養化の程度を表す指標があります。前者は**窒素とりん**※であり、後者には、植物プランクトンの量を表す**クロロフィルa**や**透明度**、植物プランクトンの炭酸同化作用の程度によって変わる**pH**などの指標があります。

●窒素

　水中に含まれるすべての窒素化合物は**有機体窒素**と**無機体窒素**に分けられます。無機体窒素には**アンモニア体窒素**※、**亜硝酸体窒素**※、**硝酸体窒素**※などがあります。**有機体窒素**はたんぱく質やアミノ酸を構成しており、これを微生物などが分解し無機体の**アンモニア体窒素**（NH_4-N）となります。このアンモニア体窒素は環境中で生物化学的に**酸化**を受け**亜硝酸体窒素**

※：コロニー形成単位（CFU）/mL
1mLの試液中に含まれる細胞を培養してできたコロニー（集団）数のことで、生菌数の濃度を表す単位

※：窒素とりん
窒素、りん、カリウムは三大栄養素である。このうちカリウムは水中には豊富に存在するが、植物プランクトンの成長にとって制限因子とならないため、窒素とりんが主な指標となっている。

※：アンモニア体窒素
アンモニウム塩として含まれる窒素のことで、水中では大部分はアンモニウムイオン（NH_4^+）として存在する。アンモニア態窒素、アンモニア性窒素とも呼ばれる。「NH_4-N」又は「NH_3-N」と表す。

※：亜硝酸体窒素
亜硝酸塩に含まれている窒素のことで、水中では亜硝酸イオン（NO_2^-）として存在する。亜硝酸態窒素、亜硝酸性窒素とも呼ばれる。「NO_2-N」と表す。主にアンモニア体窒素の酸化によって生じる。

※：硝酸体窒素
硝酸塩に含まれている窒素のことで、水中では硝酸イオン（NO_3^-）として存在する。硝酸態窒素、硝酸性窒素とも呼ばれる。「NO_2-N」と表す。主に亜硝酸体窒素の酸化によって生じる。

$(NO_2\text{-}N)$ になり、さらに**硝酸体窒素**$(NO_3\text{-}N)$にまで酸化され
ます。同時に、酸化の過程で酸素が消費されます。植物プラン
クトンの成長に利用されやすい窒素の形態は**無機体窒素**であ
り、水中でこれらの窒素が枯渇すると植物プランクトンの増殖
が制限されます。

　なお、アンモニア体窒素は、いろいろな生体反応に鋭敏に影
響するため、高い濃度条件では毒性を有します。

　有機体窒素、アンモニア体窒素、亜硝酸体窒素、硝酸体窒素
の各形態の窒素をあわせたものを「**全窒素**」※(総窒素ともいう)
といい、富栄養化の指標として用いられます。

※：全窒素
水中の窒素の総量とい
う意味であるが、窒素
ガス(N_2)として溶存
している窒素は含まれ
ない。

◉りん

　水中のりん化合物は**無機体**と**有機体**、**溶解性**と**粒子性**に区別
され、無機体りんはさらに**オルトりん酸塩**と**重合りん酸塩**に分
けられます。

　富栄養化の指標としては、無機体りんとしての**オルトりん酸
体りん**と、**有機体りん**も含めたりんとの総量が「**全りん**」(総
りんともいう)として用いられます。

◉クロロフィルa

　クロロフィルaは植物の葉緑素の主成分であり、富栄養化の
程度を示す指標として用いられます。クロロフィル(葉緑素)は
a、b、cなどの種類がありますが、通常、植物プランクトンの
量の指標として**クロロフィルa**がよく用いられます。

◉透明度

　透明度は、透明度板という白い円形板を水中に沈めていき、
それが目視できなくなった**水深**で示されます。物理的に光が届
く範囲を**目視**で確認する方法です。富栄養化した湖沼や内湾な
どの閉鎖性水域では、植物プランクトンが懸濁成分となり光を
通さなくなるため、透明度の値からある程度の富栄養化度を知

ることができます。現場で簡単に測定でき、かつ光の届く範囲を推定できるため、極めて有用な指標です。

※：pH
pHは次式で定義される。
$$pH = -\log[H^+]$$
水の電離定数＝
$$[H^+] \times [OH^-]$$
$$= 10^{-14}$$
pHが中性のときは、
$$[H^+] = [OH^-]$$
$$= 10^{-7}$$
なので、
$$pH = -\log[H^+]$$
$$= -\log 10^{-7}$$
$$= -(-7)\log 10$$
$$= 7$$
水素イオンが減少して10^{-7}から10^{-9}になったとすると、
$$pH = -\log 10^{-9}$$
$$= 9$$
（アルカリ性）

●pH（水素イオン指数：potential hydrogen）※

　富栄養化により植物プランクトンの増殖が活発になると、**光合成反応**により水中の炭酸イオン（CO_3^{2-}）が炭酸水素イオン（HCO_3^-）へと平衡が移動します。この結果**pHが上昇**し、pHとして12程度まで増加することがあります。光合成の反応は次式で示されます。

$$6CO_2 + 6H_2O + 光エネルギー(2.9MJ) \rightarrow C_6H_{12}O_6 + 6O_2$$

　光合成を行うには、水中の分子状の二酸化炭素（CO_2）だけでは足りないため、炭酸水素イオン（HCO_3^-）を炭素源として利用します。この結果、水中のHCO_3^-は減少し、酸素（O_2）が増加することになります。一方、水中ではCO_2と炭酸（H_2CO_3）、HCO_3^-、CO_3^{2-}及び水素イオン（H^+）の間に次の平衡関係が成り立っています。

$$CO_2 + H_2O \rightleftharpoons H_2CO_3 \rightleftharpoons CO_3^- + H^+ \rightleftharpoons CO_3^{2-} + 2H^+$$

　この関係から、光合成によって炭酸水素イオンが減少すると**水素イオンも減少し、pH値は上昇する**ことになります（つまり**アルカリ性（塩基性）**が強くなります）。

　富栄養化していない清澄な淡水のpHは**弱酸性**であり、pHの値から富栄養化度や植物プランクトン量をある程度推定できます。

４ 富栄養化による障害の指標

　富栄養化問題においては、植物プランクトンの総量だけではなく、特定の植物プランクトンが産生する代謝産物である**異臭味物質**や**毒性物質**も問題となります。代表的な水質指標としては、**異臭味物質**と**生体毒性物質**の2つがあります。

　①異臭味物質：**ジェオスミン**、**2-MIB**（2-メチルイソボルネオール）かび臭の原因物質）

②生体毒性物質：**ミクロキスチィン**（アオコを形成するラン藻類が生産する生体毒性物質）、**サキトキシン**（二枚貝の神経毒物質）

5 重金属類汚染指標

重金属類の汚染指標としては、水質汚濁に係る環境基準などの環境基準の「健康項目」や排水基準の有害物質として設定されている物質の一部が主に該当します。重金属元素としては、カドミウム、鉛、クロム、水銀などが挙げられます。

6 汚染微生物指標

病原性の強い微生物（細菌、寄生虫など）の中には、通常の塩素消毒によって死滅しないものも発見されています。

汚染微生物の指標として、ここでは病原性の強い細菌の**O157**と、病原虫の**クリプトスポリジウム**について取り上げます。

● O157

大腸菌のほとんどは無害ですが、中には**下痢**を起こすものがあり「病原性大腸菌」と呼ばれています。病原性大腸菌のうち、**腸管出血性大腸菌**は腸管内で**ベロ毒素**というものを出し出血を起こします。O157※はこの腸管出血性大腸菌の代表的な細菌です。O157の**感染力は強く**、100個程度でも感染症を起こすといわれています。

● クリプトスポリジウム

クリプトスポリジウム※は病原虫の一種で、感染すると激しい**下痢**、**腹痛**、**嘔吐**などの症状を引き起こします。免疫力の低下しているときに感染すると死亡することもあります。

※：O157
1982（昭和57）年に米国でO157による出血性大腸炎が集団発生したのが初めての事例。日本では1990年埼玉県浦和市の幼稚園における井戸水を原因とした集団感染により注目を集めた。

※：クリプトスポリジウム
1993（平成5）年に米国ミルウォーキー市において40万人を超える大規模な集団感染が起きた。日本では1996年に埼玉県越生町において集団感染が発生した事例がある。

練習問題

問7　水中の溶存酸素に関する記述として，誤っているものはどれか。

(1) 酸素の蒸留水への溶解度は，1気圧，水温20℃で約8.8 mg/Lである。

(2) 水温が低いほど，酸素の水への溶解度は高い。

(3) 水中に酸素が溶け込むルートは，水面を通して大気から溶解するものと，水中の動物プランクトンから供給されるものが主なものである。

(4) 閉鎖性水域の底層水の溶存酸素濃度は有機汚濁の指標となる。

(5) 閉鎖性水域の底層において，溶存酸素濃度が極めて低くなると，硫化水素やアンモニアなどの悪臭物質が発生し，また一部の重金属が溶出しやすくなる。

解　説

水質汚濁指標のひとつの溶存酸素に関する問題です。

(3)の「動物プランクトン」は誤りであり、正しくは「植物プランクトン」です。

なお、(1)の酸素の蒸留水中への溶解度(1気圧、水温20℃)は、試験出題当時は8.8mg/Lでしたが、JIS K 0102の改正で8.8mg/Lから9.09mg/Lに改正されました。

POINT

水質指標に関する問題の出題頻度は高く、溶存酸素についてもよく出題されていますが、1問全部を溶存酸素に着目した出題は試験制度変更(平成18年)以降では平成29年が初めてです。しかしながら、光合成による酸素の供給が「植物」の特徴であることに気付けば、他の選択肢の正誤が判断できなくても、容易に誤りが見付かるサービス問題です。

(3)は急いで読むと正しい文章と思ってしまうかもしれません。(3)の文章は、酸素が水中に溶け込むルートとして、一つは物理的な気液平衡による大気中から水中への溶解するものと、もう一つは光合成による酸素の発生があるということを述べようとしています。このとき、光合成を行う生物は、地上では植物であるように、水中では「植物プランクトン」になりますが、(3)の文章では「動物プランクトン」に変えられています。文字としては「植」と「動」の違いだけですが、試験時間を気にして慌てていたり、他の4つの選択肢の内容が記憶にないものだったりすると、この

「植」と「動」の違いを見落とすことになりかねません。試験問題を読むときは、特に対義語や対になっている用語に注意してじっくり確認しながら読むくせをつけておきましょう。

正解 >> （3）

第1章

第2章

第3章

第4章

第5章

第6章

第7章

第8章

練習問題

問5　水質汚濁指標に関する記述として，誤っているものはどれか。

(1)　BOD は，生物分解されやすい有機物量の指標として用いられる。

(2)　公共用水域の水質基準では，河川には BOD が，湖沼や海域には COD が適用される。

(3)　TOC は，有機物の全量を表す指標として用いられる。

(4)　VSS は，水中に溶存している有機物量を表す指標として用いられる。

(5)　底層水の DO は，閉鎖性水域の有機汚濁の程度の有効な指標となる。

| 解　説 ▶

　水質汚濁指標に関する問題です。

　SS（浮遊物質又は懸濁物質）は「小粒子状物質のことであり、編目2mmのふるいを通過した試料の適量を孔径1μmのガラス繊維ろ紙でろ過したときに、ろ紙上に捕捉される物質」のことです。試料水を孔径1μmのガラス繊維ろ紙でろ過し、ろ紙上に残った固形物を105 〜 110℃で乾燥したときに残る物質がSSとして計測されます。これを約600℃で灰化（強熱・燃焼）すると、大部分の有機物は燃焼・揮散します。このときの強熱による減量がVSSです。水中の有機物の量や微生物（有機性浮遊物）量の目安となるものです。また、VSSは藻類の発生量や底質中の有機物量（藻類の死骸に起因する）を推定する指標としても用いられます。すなわち、SS中の有機物量がVSSなので、(4)の「水中に溶存している有機物量を表す」は誤りです。

| POINT ▶

　水質汚濁指標に関する問題は、ほぼ隔年で出題されています。それぞれの指標の定義をきちんと記憶しておかないと正解を見付けることができません。中でもVSSはSSあるいはTOCの定義と似ているためか、最近は出題頻度が高くなっています。

　本問もこれまでみてきた問題と同様に、水中に溶けているか（溶存）、いないか（懸濁）という反対の意味の語句が正誤判断のポイントとなっています。

正解 ≫　(4)

練習問題

問7　水質指標に関する記述として，誤っているものはどれか。

(1)　富栄養化の主な物質指標は，窒素とりんである。

(2)　「pH」は，水素イオン指数とも呼ばれ，植物プランクトンの活動が活発な湖沼の表層では，酸性側に大きく傾くことがある。

(3)　「透視度」とは水の透き通りの指標で，試料水を満たしたガラス管の底部に置かれた板上の二重線を明らかに見分けられる最大の水柱の高さで表される。

(4)　藻類の量を示す指標として，「クロロフィルa」がしばしば用いられる。

(5)　「TOC」は，生物分解性に関係なく有機物の全量に対応した指標である。

解　説

本問も水質汚濁指標に関する問題です。

植物プランクトンの活動が盛んな場合、植物プランクトンは水中のCO_2を消費していきます。水中のCO_2は次のような平衡状態で存在しています。

$$CO_2 + H_2O \rightleftharpoons H_2CO_3 \qquad\qquad ①$$
$$H_2CO_3 \rightleftharpoons H^+ + HCO_3^- \qquad\qquad ②$$
$$H_2O \rightleftharpoons H^+ + OH^- \qquad\qquad ③$$

すなわち、光合成が進むと水中のCO_2が減少するので、CO_2の量を元に戻そうとして、式①の平衡は左にずれます。そうすると今度はH_2CO_3が減少するので、これを元に戻すために式②の平衡が左にずれます。さらに式②の水素イオンH^+が減少するので、式③の平衡が右にずれてH^+を補うことになります。

この結果、OH^-イオンがH^+の量より増えるので、水はアルカリ性(塩基性)になります。したがって、植物プランクトンの活動により光合成が活発に行われると、水はアルカリ性に傾くので、(2)の「酸性側に大きく傾く」は誤りです。

POINT

5つの選択肢の文章を一読すると、(2)の文章に違和感を覚えると思います。すなわち、他の4つは「用語の定義」が記述されているのに対して、(2)は「現象」あるいは「原理」に関する記述です。他の4つとあわせるなら「pHは、水素イオン指数と

呼ばれ、水の酸性度を表す指標である。」のほうがバランスのとれた問題になると思われます。この問題のように、ひとつだけ説明する内容が他と異なる文章は、正解につながる可能性が高いので、正攻法で正解が判断できない場合は、この考え方で解答を選ぶこともひとつの方法です。

正解 >> （2）

練習問題

問8　病原微生物による水質汚濁に関する記述として，誤っているものはどれか。

(1)　腸管出血性大腸菌O 157が井戸水等を汚染し，感染患者が発生した事例がある。

(2)　O 157の感染力は強く，100個の感染でも発症するといわれている。

(3)　O 157の主症状は下痢で，菌が腸管内で産生するベロ毒素による。

(4)　原虫のクリプトスポリジウムが水道水源を汚染し，感染被害が発生した事例がある。

(5)　クリプトスポリジウム感染症は，主に肺炎様症状を示す。

| 解　説 |

病原微生物による水質汚濁指標に関する問題です。

(5)のクリプトスポリジウムは「激しい下痢症状」を引き起こすことが特徴です。「主に肺炎様症状を示す」は誤りです。

| POINT |

汚染微生物指標についての出題頻度は低いですが、O157とクリプトスポリジウムの2つだけは出題されています。記憶する事項も少ないので、本問の内容は確実に押さえておきましょう。あわせて「富栄養化による障害の指標」である「異臭味物質」の「ジェオスミン」と「2-MIB」、及び「生体毒性物質」である「ミクロキスチン」も記憶しておくとよいでしょう。これらの指標名と物質名を入れ替えて正誤を問うような問題が出題される可能性があります。

正解 >> （5）

練習問題

問8 水質指標に関する記述として，誤っているものはどれか。

(1) BOD は水中の好気性の微生物によって消費される溶存酸素量であり，有機汚濁指標の一つである。

(2) 一般的に COD_{Cr} は COD_{Mn} より高い値を示す。

(3) 大腸菌群は，ふん便汚染の指標として用いられる。

(4) クロロフィル a は，閉鎖性水域等の植物プランクトン量の指標として用いられる。

(5) ジェオスミンと 2-MIB は，病原性微生物汚染の指標として用いられる。

解 説

水質指標に関する問題です。

(5)のジェオスミンと2-MIBは「富栄養化による障害の指標」のなかの「異臭味物質」なので、「病原性微生物汚染の指標」ではありません。

POINT

「富栄養化による障害の指標」である「異臭味物質」と「生体毒性物質」及び「汚染微生物指標」の物質名と特徴を記憶していれば、すぐに(5)が誤りとわかるサービス問題です。「汚染微生物指標」とは「健康被害を引き起こす病原性微生物」のことです。

正解 >> (5)

練習問題

問7　大腸菌数に関する記述として，誤っているものはどれか。

(1)　大腸菌数は，大腸菌群数に比べ，より的確なふん便汚染の指標である。

(2)　水質環境基準の生活環境項目で，大腸菌群数に加えて，新たに大腸菌数が追加された。

(3)　水環境中において，大腸菌群が多く検出されていても，大腸菌が検出されない場合があった。

(4)　大腸菌数に用いられる単位のCFUは，Colony Forming Unitの略である。

(5)　自然環境保全を利用目的とする場合の水質環境基準値は，20 CFU/100 mL以下である。

解説

　これまで、大腸菌群数について1問の出題はありませんでしたが、令和4年4月施行で、大腸菌群数から大腸菌数に変更となりましたので、テキストの改訂に合わせての出題となりました。

　大腸菌群数は、既に50年近く、河川などの環境水や事業場排水などで測定が行われデータが蓄積されてきましたが、その測定値にはふん便汚染のない水や土壌等に分布する自然由来の細菌をも含んだ値が検出・測定されると考えられ、実際に、水環境中において大腸菌群が多く検出されていても、大腸菌が検出されない場合があり、大腸菌群数がふん便汚染を的確に捉えていない状況がみられました。

　一方、より的確にふん便汚染を捉えることができる指標として大腸菌数があり、今日では、簡便な大腸菌の培養技術が確立されていることから、大腸菌群数については大腸菌数へ見直すことが適当であると考えられ、大腸菌群数から大腸菌数に変更となりました。

　よって、大腸菌群数から大腸菌数に変更となりましたので、(2)の「新たに大腸菌数が追加された。」は誤りです。

POINT

　令和4年4月1日から六価クロムの環境基準が0.05mg/Lから0.02mg/Lに変更とな

り、大腸菌に係る環境基準も名称が大腸菌群数から大腸菌数に変更されました。六価クロムについては、令和6年4月1日から施行され、大腸菌についても令和7年4月1日から施行されます。変更直後は試験にも出やすいので、しっかり記憶してください。

正解 >>　（2）

5-3 有害化学物質による汚染

有害化学物質による汚染について解説します。主に化審法、化管法による規制内容や環境ホルモン、ダイオキシン類について理解しておきましょう。

1 化学物質の動向

化学物質は、工業生産や生活に必要な物質として、自然物質から抽出精製されたり、人工的に合成されて供給されています。人工的に合成された化学物質の中には、元々環境中に存在しなかったため、自然界の力によって分解困難なだけではなく、様々な物理化学的濃縮機構、生物化学的濃縮機構を通じて環境中に蓄積していることが問題となっている物質があります。近年は環境からの化学物質の検出技術の発達に伴い、環境中の有害とされる物質の数も年々増える傾向にあります。

2 化学物質対策の施策

●化審法

化審法※は、化学物質による環境の汚染を防止するため、新規の化学物質の製造又は輸入に際し**事前にその化学物質の性状に関して審査する制度**を設けるとともに、その有する性状等に応じ、化学物質の製造、輸入、使用等について必要な規制を行うことを目的とした法律です。

この法律は、大きく分けて次の3つの部分から構成されています。

①新規化学物質の事前審査

　・新たに製造・輸入される化学物質に対する**事前審査制度**

②上市後の化学物質の継続的な管理措置

　・製造・輸入数量の把握（事後届出）、有害性情報の報告等

※：化審法
正式名称：化学物質の審査及び製造等の規制に関する法律（昭和48年法律第117号）

に基づく**リスク評価**

③化学物質の性状等(分解性、蓄積性、毒性、環境中での残留状況)に応じた規制及び措置

・性状に応じて「第1種特定化学物質」等に指定

・製造・輸入数量の把握、有害性調査指示、製造・輸入許可、使用制限等

◉化管法※

化管法は、特定の化学物質の環境への**排出量等の把握**に関する措置並びに事業者による特定の化学物質の性状及び取扱いに関する**情報の提供**に関する措置等を講ずることにより、事業者による化学物質の自主的な管理の改善を促進し、環境の保全上の支障を未然に防止することを目的とした法律です。

化管法は、**PRTR制度**※と**SDS制度**※を柱としています。

PRTR制度とは、人の健康や生態系に有害なおそれのある化学物質が、事業所から環境(大気、水、土壌)へ**排出される量**及び廃棄物に含まれて事業所外へ**移動する量**を、事業者が自ら把握し国に届け出をし、国は届出データや推計に基づき、排出量・移動量を集計・公表する制度です。

SDS制度は、化管法で指定された「化学物質又はそれを含有する製品」(以下、「化学品」)を他の事業者に譲渡又は提供する際に、SDSにより、その化学品の特性及び取扱いに関する**情報を事前に提供する**ことを義務付け、**ラベルによる表示**に努めることを定めた制度です。

化管法において規制の対象となる物質は次のとおりです(物質数は2023年4月施行)。

①**第1種指定化学物質**※(PRTR制度、SDS制度の対象物質):515物質

②**第2種指定化学物質**※(SDS制度の対象物質):134物質

また、第1種指定化学物質のうち、発がん性、生殖細胞変異原性及び生殖発生毒性が認められる**特定第1種指定化学物質**と

※:化管法
正式名称:特定化学物質の環境への排出量の把握等及び管理の改善の促進に関する法律(平成11年法律第86号)

※:PRTR制度
PRTR:Pollutant Release and Transfer Register。化学物質排出移動量届出制度とも呼ばれる。PRTR制度により、毎年どんな化学物質が、どの発生源から、どれだけ排出されているかを知ることができる。

※:SDS制度
SDS:Safety Data Sheet(安全データシート)。SDSは、個別の化学物質について、安全性や毒性に関するデータ、取り扱い方、救急措置などの情報が記載されたもの。

※:第1種指定化学物質
人や生態系への有害性(オゾン層破壊性を含む)があり、環境中に広く存在する(暴露可能性がある)と認められる物質として定義されている。第1種指定化学物質の例として、鉛及びその化合物、有機すず化合物、トリクロロエチレン等が指定されている。

して23物質が指定されています。

③ 化学物質の環境汚染の現状

環境中の化学物質の実態については1974（昭和49）年度から、**化学物質環境実態調査**（環境省）が実施されており、2002（平成14）年度からは、施策に直結した調査対象物質選定と調査の充実を図ることを目的として、①初期環境調査、②暴露量調査、③モニタリング調査という目的別の調査から構成される化学物質環境実態調査が実施されることになりました。なお、2006（平成18）年度調査からは、①初期調査、②詳細環境調査、③モニタリング調査の調査体系で実施されています。この化学物質環境実態調査の結果は「化学物質と環境」※として公表されています。

◉内分泌かく乱物質

内分泌かく乱物質※問題は、国際的にも科学的不確実性が多く指摘されているのが現状です。このため、さまざまな科学的情報を収集するとともに、「内分泌かく乱作用を有すると疑われる」として指摘された化学物質の有害性評価や試験法の開発などが行われています。

◉ダイオキシン類

ダイオキシン類※は、環境中に広く存在しており、その量は非常に微量です。微量でも強い毒性を持ち、人に対しては免疫の機能低下、生殖障害などの影響が生じると考えられています。

ダイオキシン類は、常温では無色無臭の固体で、水に溶けにくく、蒸発しにくい反面、**脂肪などに溶けやすい**性質を持っています。意図的につくられる物質ではなく、**塩素を含む物質の不完全燃焼**や、薬品類の合成の際に生成する副生成物です。主な発生源は**ごみ焼却施設**や**金属製錬**などの燃焼工程です。

ダイオキシン類対策特別措置法（平成11年法律第105号）で

※：**第2種指定化学物質**
第1種指定化学物質と同じ有害性の条件に当てはまり、製造量の増加等があった場合には、環境中に広く存在することとなると見込まれるもの。

※：**「化学物質と環境」**
化学物質の環境調査結果をまとめた年次報告書（環境省）。

※：**内分泌かく乱物質**
動物の生体内に取り込まれた場合に、本来その生体内で営まれている正常なホルモン作用に影響を与える外因性の物質。環境ホルモンとも呼ばれる。

※：**ダイオキシン類**
ダイオキシン類対策特別措置法では、ポリ塩化ジベンゾ-パラ-ジオキシン（PCDD）、ポリ塩化ジベンゾフラン（PCDF）、コプラナーポリ塩化ビフェニル（コプラナー PCB）の3つを「ダイオキシン類」と定義している。なお、ダイオキシンとは、ポリ塩化ジベンゾ-パラ-ジオキシンの通称。

は、ダイオキシン類による環境汚染を防止するため、ダイオキシン類に関する施策の基本とすべき基準※を定め、また、規制の対象となる施設（特定施設）ごとに排出基準を設定しています。

※：基準
ダイオキシン類の①耐容一日摂取量(TDI)、②環境基準を指す。耐容一日摂取量は「人の体重1kg当たり4pg-TEQ」とされている。環境基準は大気0.6pg-TEQ/m³以下、水質（水底の底質を除く）1pg-TEQ/L以下、水底の底質150pg-TEQ/g以下、土壌1,000pg-TEQ/g以下とされている。

ポイント

①化学物質による環境汚染対策法として、化審法、化管法が制定されている。
②化管法に定めるPRTR制度、SDS制度の概要を理解しておく。
③ダイオキシン類の規制概要を理解しておく。

5-4 水質汚濁物質と製造業

水質汚濁物質と製造業について解説します。水質汚濁物質(生活環境項目や有害物質)がどのような業種から排出されるのかを理解しておきましょう。

1 生活環境項目

工場・事業場からの排出水に含まれる汚濁物質は多種多様です。BODなどの生活環境項目を含む汚水が、どのような業種から多く排出されているかを表1に示します。国家試験でも水質汚濁物質と排出業種の関係が問われることがありますので、表中の色の付いた箇所は記憶にとどめておきましょう(後述の表2も同様です)。

表1 生活環境項目関連排水と代表的な排出業種

生活環境項目関連排水	代表的な排出業種
BODの高い排水	食料品製造業、化学工業、パルプ製造業
生活排水程度の有機性排水	繊維工業、紙製品製造業、石油精製業、染色整理業
有機性の有害物質を含む排水	皮革業、コークス製造業（シアン、フェノール、アンモニア）
pH、SSなどが問題になる排水	板ガラス製造業、コンクリート製品製造業、生コン製造業

2 有害物質

水質汚濁防止法で定める有害物質のうち、主な有害物質を含む汚水を排出する代表的な業種を表2に示します。

表2　有害物質と代表的な排出業種

有害物質	代表的な排出業種
カドミウム及びその化合物	無機顔料製造業、鉱業、電池製造業
シアン化合物	電気めっき業、コークス製造業、鉄鋼熱処理業
六価クロム化合物	電気めっき業、機械部品製造業、ステンレス鋼製造業
ひ素及びその化合物	鉱業、精錬業、医薬品製造業
トリクロロエチレン、テトラクロロエチレン	電子部品製造業、クリーニング業、紡績業
ジクロロメタン	化学繊維製造業、合成樹脂製造業、金属製品製造業
ベンゼン	石油精製業、合成染料製造業、合成樹脂製造業
セレン及びその化合物	鉱業、無機化学工業薬品製造業
ほう素及びその化合物	化学肥料製造業、無機顔料製造業
ふっ素及びその化合物	化学肥料製造業、無機顔料製造業

✅ ポイント

①主な生活環境項目とその排出業種を覚えておく。
②主な有害物質とその排出業種を覚えておく。

練習問題

問6　有害物質とそれを含む汚水を排出する代表的な業種との組合せとして，不適当なものはどれか。

	（有害物質）	（代表的な業種）
(1)	カドミウム及びその化合物	無機顔料製造業
(2)	シアン化合物	クリーニング業
(3)	六価クロム化合物	ステンレス鋼製造業
(4)	トリクロロエチレン	電子部品製造業
(5)	ひ素及びその化合物	鉱業

解　説

有害物質を含む汚水を排出する業種に関する問題です。

(2)のシアン化合物を含む汚水を排出する主な業種は、電気めっき業、コークス製造業です（表2参照）。「クリーニング業」ではありません。

なお、コークス製造業では、石炭を乾留（蒸し焼き）してコークスを製造する際に発生するコークス炉ガス中にシアン化合物が含まれます。

POINT

水質汚濁物質とその発生源に関する出題は、試験制度変更（平成18年）以降2回だけなので出題頻度としては高くありません。しかしながら、水質汚濁物質の発生源を知ることは公害防止対策を考える上で不可欠の情報であり、人の健康や環境への影響につながることになりますので、実務上の知識としても記憶にとどめておきましょう。

正解 >> （2）

練習問題

問7　工場・事業場の汚水の性状に関する記述として，最も不適切なものはどれか。

(1)　食料品製造業やパルプ製造業は，BOD の高い汚水を排出する。

(2)　染色整理業は，処理が不十分であると放流先の河川の水を着色させる汚水を排出する。

(3)　皮革業，殺虫剤や殺菌剤などの製造業は，有機性で有害物質を含む汚水を排出する。

(4)　コンクリート製品製造業は，重金属などの有害物質を大量に含む汚水を排出する。

(5)　コークス製造業は，アンモニア，フェノール類，シアン等を含有する汚水を排出する。

解　説

　水質汚濁物質とその発生源についての組合せの出題は、試験制度変更後では、令和2年問7、平成28問6、平成21年問6、平成20年問6及び平成18年問7の5回出題されています。

　(4)のコンクリート製品製造業、生コンクリート製造業などは、重金属などの有害物質を含む可能性が少なく、主にpHやSSなどが問題となる業種なので、「重金属などの有害物質を大量に含む汚水を排出する。」は誤りです。

POINT

　水質汚濁物質と製造業の組合せとして、次を記憶しておくとよいでしょう。

表 1 水質汚濁物質と製造業の組合せ

(1) 生活環境項目	代表的な排出業種
BOD の高い汚水を出す業種	食料品製造業，化学工業，パルプ製造業
生活排水程度の有機性排水	繊維工業，紙製品製造業，石油精製業，染色整理業
有機性で有害物質を含有	皮革業，コークス製造業（シアン，フェノール，アンモニア）
pH や SS などが問題になる業種	板ガラス製造業，コンクリート製品製造業，生コン製造業

(2) 有害物質	代表的な排出業種
カドミウム及びその化合物	無機顔料製造業
シアン化合物	電気めっき業，コークス製造業
六価クロム化合物	電気めっき業
ひ素及びその化合物	鉱業，精錬業，医薬品製造業
トリクロロエチレン，テトラクロロエチレン	電子部品製造業，クリーニング業
ジクロロメタン	化学繊維製造業，合成樹脂製造業
ベンゼン	石油精製業
セレン及びその化合物	鉱業
ほう素及びその化合物	化学肥料製造業
ふっ素及びその化合物	無機顔料製造業

正解 >> （4）

練習問題

問7 水質汚濁物質と製造業との関係に関する記述として，誤っているものはどれか。

　(1) BOD の高い汚水を排出する業種として，肉製品製造業やビール製造業などの食料品製造業が挙げられる。

　(2) 染色整理業の汚水には，生物学的に難分解性のものが含まれることがある。

　(3) 有機性で有害物質を含む汚水を排出する業種として，殺虫剤や殺菌剤などの製造業が挙げられる。

　(4) 紙製品製造業の汚水には，アンモニア，フェノール類，シアン，硫黄，油分等が多量に含まれている。

　(5) 板ガラス製造業やコンクリート製品製造業の汚水では，主に pH や SS などが問題となる。

| 解　説 ▶

　水質汚濁物質とその発生源についての組合せの出題頻度は高いので、取りこぼさないようしっかり記憶しておく必要があります。

　(4)の「アンモニア、フェノール類、シアン、硫黄、油分等が多量に含まれている」のは、「コークス製造業」なので、「紙製品製造業の汚水」は誤りです。

　したがって、(4)が正解です。

| POINT ▶

　水質汚濁物質と製造業の組合せとして、令和3年問7の【POINT】に記載した一覧表を記憶しておくとよいでしょう。本問の(1)〜(5)の製造業と汚濁物質の組合せは、表現方法は異なりますが、令和3年問7の出題と同じです。

正解 >> （4）

第6章

水質汚濁の機構

6-1 水質汚濁の計量

本章では水質汚濁機構について解説します。水質の汚濁や汚染がどのような仕組みで進行するのかを理解しておきましょう。ここでは汚濁負荷量の考え方について解説します。

1 汚濁物質と自然循環

河川、湖沼、海域などに流入した汚濁物質、例えば有機物は、水系環境の中で流れによって輸送され空間的に移動し、その過程でその流れに含まれている渦（eddy：乱れ）によって**拡散され濃度が薄められていきます**。また、有機物は水系環境に生息する**微生物によって分解されていきます**。この有機物が懸濁態（粒子状）であれば、物理的な輸送過程の間に沈降し、**水系から底質系へと移動します**。底質系に移動した物質は、そこに生息する様々な生物、微生物の作用を受けることになります。一部は堆積物として埋積し系外に出ていくことになりますが、一部は無機体となって再び水系に回帰します。

また、**有機塩素化合物**※の場合は懸濁態の有機物質に吸着して沈降し、水系から底質系へと移動しますが、底生生物やそれを餌とする生物に**高濃度に蓄積されます**。結局このような水系での汚濁物質の空間的な分布は、その水系の**物理的**な過程、**化学的**な過程、**生物学的**な過程などの相互作用の結果として形成されていくことになります。

このように水質汚濁にかかわる諸過程を解明していくことが、水質汚濁防止の上で重要になります。

※：有機塩素化合物
分子内に塩素原子を含む有機化合物の総称で、トリクロロエチレンやテトラクロロエチレンのような溶媒、DDTやHCHのような農薬、PCBのような熱媒体など、多様な用途に使用されている。

2 水質汚濁の計算

◉汚濁負荷量

　水質汚濁防止法の総量規制は、**汚濁負荷量**に関する規制であることはすでに説明しました（第2章参照）。汚濁負荷量は「**濃度×総水量**」で計算されます。これは事業活動に伴って発生する汚濁物質の総量を表したもので、総量規制だけでなく、工場内の汚濁負荷量の管理や排水処理施設の設計などにも利用されています。

　汚濁負荷量は次式によって求めます。

　　汚濁負荷量(kg/ 日)
　　　= **濃度**(mg/L) × **総水量**(m³/ 日) × 10^{-3}(kg/g)
　　(mg/L = 1000mg/1000L = g/m³)

◉水域での汚濁負荷

　水域での汚濁負荷の影響を知るには、工場などで発生した汚濁負荷量だけでなく、水系に**到達したときの汚濁負荷**を考える必要があります。ここでは代表的な負荷量の考え方を示します（図1）。

　①**発生負荷量**：工場で発生した負荷量（例：50kg/ 日）
　②**到達負荷量**：水域に達した地点での負荷量（例：25kg/ 日）
　③**流達率**：発生負荷量に対する到達負荷量の比
　　　　（例：25kg/ 日÷50kg/ 日×100（%）= 50%）

◉工場内の汚濁負荷

　工場内での汚濁負荷量を把握や管理するために、次のような汚濁負荷の考え方を用いることもあります。

　①**発生原単位**[※]：人、原料、製品、金額当たりの負荷量を求める際に用いる量
　　　（例：1人当たりの発生原単位50g/（人・日））
　②**人口当量**：工場の1日の汚濁負荷量が何人分に相当するかを表す量。工場全体の発生負荷量を、発生原単位（1人当

[※]：発生原単位
おおよそ人のBOD発生原単位は40～55g/（人・日）と見積もられている。

図1　水質汚濁の計量

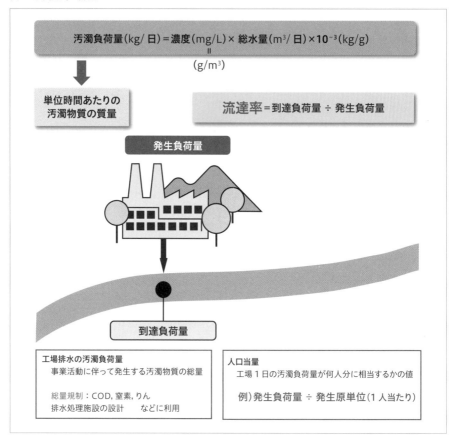

たり）で割った値

（例：1,000kg/ 日 ÷ 50g/（人・日）＝ 20,000 人）

③**発生負荷**：排水処理前の負荷量

④**排出負荷**：排水処理後の負荷量

練習問題

　問8　水質汚濁負荷に関する記述として，誤っているものはどれか。
　　(1)　工場や事業場から水系に流入する汚濁負荷量は，流入水中の汚濁物質濃度と流量の積から計算される。
　　(2)　工場や事業場，農地などで発生した負荷量を発生負荷量という。
　　(3)　工場や事業場，農地などで発生した負荷が，水系に達した地点での負荷量を到達負荷量という。
　　(4)　人のBOD発生原単位は500 g/(人・日)と見積もられている。
　　(5)　工場からの汚濁発生量は，原料単位量，製品単位量，工場出荷額などを基準にして推定することもできる。

| 解　説 |

　水質汚濁負荷を表す用語の定義及び負荷量の計算方法についての出題です。河川等の水質を予測する際には、発生負荷量、到達負荷量などを計算する必要があります。

　工場では汚濁発生状況と生産工程、操業状態との関係を明らかにして工程合理化に役立てるため、原料単位量、製品単位量、工場出荷額などを基準にして汚濁発生量（汚濁物質量(kg)÷原料の使用量(t)など）を調べています。これを汚濁物質の発生源単位といいます。これは我々の日常生活にも適用され、1人・1日の発生源単位が求められています。人のBOD発生原単位は40 〜 55g・人$^{-1}$・d^{-1}、排水量は200 〜 400L・人$^{-1}$・d^{-1}と見積もられています。

　したがって、(4)の「人のBOD発生原単位は500g/(人・日)と見積もられている」は誤りで、正解です。

| POINT |

　人口当量の定義を理解し、計算方法を練習しておくとよいでしょう。

　例えば、人のBOD発生原単位を50g・人$^{-1}$・d^{-1}とし、工場からの排水量が370m^3/dで、BOD濃度が30,000mg/Lの場合で計算します。

　最初に単位換算を確認しておく。1mg/L = 1,000mg/1,000L = g/m^3

発生負荷量＝排水量$(\text{m}^3/\text{d}) \times \text{BOD}$濃度$(\text{g}/\text{m}^3)$

$\qquad = 370\,(\text{m}^3/\text{d}) \times 30{,}000\,(\text{g}/\text{m}^3)$

$\qquad = 11{,}100{,}000\,(\text{g}/\text{d})$

$\qquad = 11{,}100\,(\text{kg}/\text{d})$

人口当量＝発生負荷量$(\text{g}/\text{d}) \div$人のBOD発生原単位$(\text{g} \cdot 人^{-1} \cdot \text{d}^{-1})$

$\qquad = 11{,}100{,}000\,(\text{g}/\text{d}) \div 50\,(\text{g} \cdot 人^{-1} \cdot \text{d}^{-1})$

$\qquad = 222{,}000\,人$

正解 >> （4）

練習問題

問7　ある工場の排水の BOD が 5000 mg/L，排出量が 400 m³/日とすると，この工場の人口当量（人）として，適切なものはどれか。ただし，人の BOD 発生原単位は 50 g/（人・日）とする。

(1)　250　　　　(2)　2000　　　(3)　20000　　　(4)　40000　　　(5)　250000

| 解　説 |

人口当量を求める計算問題です。

水質概論の計算問題は用語の定義を理解していれば、定義に従って計算することで解答が得られることが多いのですが、本問もその一例です。

「人口当量」とは、「工場の1日の汚濁負荷量が、人数として何人分に相当するかを表す量」のことです。計算問題においては、単位をそろえて計算することがポイントです。

まずは単位をそろえます。

　　　人の BOD 発生原単位　50g/（人・d）= 0.05kg/（人・d）

　　　排水の BOD 濃度　5,000mg/L = 5g/L = 5kg/m³

次に発生負荷量を求めます。

　　　発生負荷量 = BOD 濃度 × 排水量

　　　　　　　　= 5kg/m³ × 400m³/d = 2,000kg/d

最後に人口当量を求めます。

　　　人口当量 = 発生負荷量 ÷ 人の BOD 発生原単位

　　　　　　　= 発生負荷量 ×（1/ 人の BOD 発生原単位）

　　　　　　　= 2,000kg/d ×（1/0.05kg/（人・d））= 40,000 人

正解 >> （4）

6-2 河川の環境

河川の環境について解説します。河川では流下するに従って溶存酸素がどのように変化するかを理解しておきましょう。また、河川の植生についても押さえておきましょう。

1 河川の役割

河川は人間のかかわりの観点からみると、**治水**、**利水**、**環境**の3つの側面を持っています。**治水**とは、特に河川の氾濫などから人命や財産を守ることであり、**利水**には、生活用水、工業用水、農業用水や発電、水運、漁業としての利用などがあります。**環境**にかかわるものとしては親水、空間、自然保全などが考えられます。親水とは人と河川の触れ合いであり、空間は避難場所や公園などのスペースを提供し、さらに自然保全とは水質浄化や生態系保全などが挙げられます。

2 水質の予測手法

基本的に河川流は一方向の流れであり、我々は対象とする地点での流量を知ることで、物理的な輸送力を知ることができます。河川に流入する汚濁物質は、河川水の流れによって下流に輸送されていきます（**移流**と呼ばれる）が、その過程で水流が持つ乱れによって希釈されます（**乱流拡散**と呼ばれる）。拡散の指標は**拡散係数**と呼ばれます。拡散係数の大きさは、流速、水深、河床勾配、粗度などによって支配されます。

河川に流入した汚濁物質は、初期においては放流による乱れが生じて**河川水との混合**が起こります。一般には流入点より下流のある地点で汚染物質は完全に混合すると仮定して（**完全混合地点**と呼ばれる）その間の汚染物質や流量の減少はないものとして計算します。

●河川と排水の汚濁負荷量

　工場排水を河川に放流した場合、放流地点直下の河川水の汚濁濃度は、工場排水と河川水の汚濁負荷量を、工場排水と河川水の排水量・流量で割ることで求められます。

　BODを例にした計算の考え方を図1に示します。図1を参照しながら後述の練習問題(平18・問9)を解いてみましょう。

●河川の溶存酸素

　現実には汚濁物質は輸送されるに従い、分解や沈降(懸濁粒子の場合)することで**濃度が減少していきます**。これを**自然浄化作用**といいます。

　浄化作用の中で微生物による好気的な有機物の分解は重要な要素です。これによって有機物は**より安定な物質**と**二酸化炭素**、**水**に分解されます。

　有機物の分解と、溶存酸素の消費・供給を考慮したよく知られた浄化作用モデルとして Streeter-Phelps の式があります。

図1　河川水と排水のBOD濃度の計算

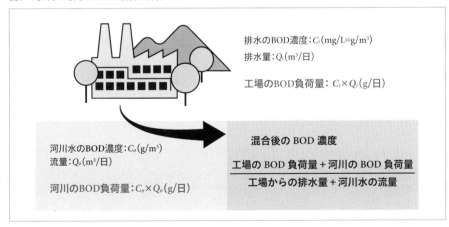

排水のBOD濃度：C_i(mg/L=g/m³)
排水量：Q_i(m³/日)

工場のBOD負荷量：$C_i \times Q_i$(g/日)

河川水のBOD濃度：C_o(g/m³)
流量：Q_o(m³/日)

河川のBOD負荷量：$C_o \times Q_o$(g/日)

混合後の BOD 濃度

$$\frac{工場の BOD 負荷量 + 河川の BOD 負荷量}{工場からの排水量 + 河川水の流量}$$

図2 溶存酸素垂下曲線

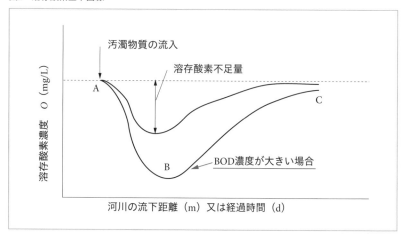

$$\frac{dL}{dt} = -K_1 L$$

$$\frac{dO}{dt} = -K_1 L + K_2(O_s - O)$$

ここに、K_1：脱酸素係数（自浄係数）　　L：BOD濃度

　　　　K_2：再曝気係数　　　O_s：飽和酸素濃度

　　　　O：溶存酸素濃度　　　t：時間

　この式を模式的に表すと図2のようになります。

　汚濁物質が河川に流入すると、最初は有機物の分解のために**溶存酸素濃度は減少**しますが、やがて有機物が少なくなり、再曝気による大気からの酸素供給が勝るようになると、**溶存酸素は徐々に回復します**。この曲線は**溶存酸素垂下曲線**と呼ばれます。

③ 河川の植生

植生は河川環境を考える上で非常に重要です。そこは生物の**生息場所**（ハビタート）を供給するばかりでなく、**流れに対する抵抗**としての役割も持っており、地形の形成に影響を与えています。また、植生自体は河川の**親水機能**※を持ち、さらに**浄化機能**をも有しています。

図3には日本の河川中流域の典型的な横断面の植生配置を模式的に示しました。河道内の植物群落は冠水の頻度や、流れから受ける力に応じて流軸を中心に帯状にすみ分けをしています。

※：親水機能
水や川に対する親しみを深めることに役立つこと。

◉植生による河川の自浄作用

水域の植生による自浄作用で期待されているのは、栄養塩である**りんや窒素の除去**です。特にヨシ、マコモなどを用いた水質浄化実験が数多く行われています。

図3　河道横断面における植生配置図

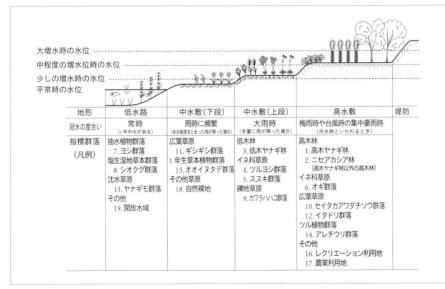

地形	低水路	中水敷（下段）	中水敷（上段）	高水敷	堤防
冠水の度合い	常時 （1年中水がある）	雨時に頻繁 （ある程度まとまった雨が降った場合）	大雨時 （多量に雨が降った場合）	梅雨時や台風時の集中豪雨時 （洪水時といわれるとき）	
指標群落 （凡例）	抽水植物群落 　7. ヨシ群落 塩生湿地草本群落 　8. シオクグ群落 沈水草群落 　13. ヤナギモ群落 その他 　19. 開放水域	広葉草原 　11. ギシギシ群落 1年生草本植物群落 　15. オオイヌタデ群落 その他草原 　18. 自然裸地	低木林 　3. 低木ヤナギ林 イネ科草原 　4. ツルヨシ群落 　5. ススキ群落 礫地草原 　9. カワラハハコ群落	高木林 　1. 高木ヤナギ林 　2. ニセアカシア林 　（高木ヤナギ林以外の高木林） イネ科草原 　6. オギ群落 広葉草原 　10. セイタカアワダチソウ群落 　12. イタドリ群落 ツル植物群落 　14. アレチウリ群落 その他 　16. レクリエーション利用地 　17. 農業利用地	

植生による自浄作用には3つの要素があります。

※：懸濁物質除去能
植生域では水の流れが
制御され、懸濁物質の
堆積が促進される。

①**懸濁物質除去能**※

②付着微生物による**有機物の分解作用**

③付着藻類等による**栄養塩（窒素、りん）の吸収**

　一般に河川では植生の繁茂域はそれほど大きくなく、また成長速度に比べて流速が速いので、栄養塩吸収効果はそれほど期待できません。したがって、汚濁した水が河川に流入する前に、水生植物が繁茂した**流れの緩やか**な広い水域を設けて、そこを通過させるような工夫が必要です。

❹ 水質の指標生物

　川の中に生息する生物は、河川水質を判断する**指標**になり得るといわれ、いろいろな河川で調査が行われています。このような生物を**指標生物**といいます。

表1　水質指標生物と水質階級

No.	指標生物	I きれいな水 (貧腐水性)	II 少し汚れた水 (β-中腐水性)	III 汚い水 (α-中腐水性)	IV 大変汚い水 (強腐水性)
1	ウズムシ類				
2	サワガニ				
3	ブユ類				
4	カワゲラ類				
5	ナガレトビケラ・ヤマトビケラ類				
6	ヒラタカゲロウ類				
7	ヘビトンボ類				
8	5以外のトビケラ類				
9	6,11以外のカゲロウ類				
10	ヒラタドロムシ				
11	サホコカゲロウ				
12	ヒル類				
13	ミズムシ				
14	サカマキガイ				
15	セスジユスリカ				
16	イトミミズ類				

　河川水質を4つの水質段階に分け、それぞれの水質階級に生息する指標生物を表1に示します。

　国家試験では水質階級と指標生物の関係について出題されたことがありますので、これらの関係は覚えておきましょう。特にきれいな水(貧腐水性)、大変きたない水(強腐水性)に生息する指標生物※を記憶しておくとよいでしょう。

※:指標生物
①貧腐水性の指標生物：ウズムシ類、サワガニ、カワゲラ類、ヒラタカゲロウ類など
②強腐水性の指標生物:セスジユスリカ、イトミミズ類など

☑ ポイント

①河川における汚濁負荷量の計算方法について理解しておく。
②河川での溶存酸素濃度の変化を理解しておく。
③河川の植生(自浄作用など)、指標生物(きれいな水、汚い水)を覚えておく。

練習問題

問9　BOD 2.0mg/L、流量 10000m³/日の河川に、BOD 20mg/L の排水処理水が日量 1000m³ 放流されている。放流地点直下流の河川水の BOD 濃度(mg/L)は、およそいくらか。ただし、放流された排水処理水は放流後直ちに河川水と完全混合するものとする。

(1)　1.8　　　(2)　3.6　　　(3)　7.2　　　(4)　18　　　(5)　36

解　説

BOD濃度を求める計算問題です(図1参照)。

計算問題では、単位をそろえてから計算すると計算ミスのリスクを減らすことができます。すなわち、本問では測定値の単位は「mg/L」ですが、河川の流量の単位は「m³/日」なので、最初にm³の方に合わせておきます($mg/L = g/m^3$)。

河川水と排水処理水の混合後の濃度は、次のように求めます。

$$混合後の濃度 = \frac{混合前の河川水の BOD 負荷量 + 排水中の BOD 負荷量}{混合前の河川の水量 + 排水の水量}$$

$$= \frac{(2g/m^3 \times 10,000m^3/日) + (20g/m^3 \times 1,000m^3/日)}{10,000m^3/日 + 1,000m^3/日}$$

$$= \frac{20,000g/日 + 20,000g/日}{11,000m^3/日}$$

$$= \frac{40,000g/日}{11,000m^3/日} ≒ 3.6g/m^3 = 3.6mg/L$$

正解 >> （2）

練習問題

問9　排水の流入のないときの溶存酸素濃度が直線 DD′ である河川に，有機物を含む排水が図に示した位置で流入した場合の溶存酸素濃度の流下距離に対する変化として，最も適切なものはどれか。ただし，この河川の流下距離は十分に長いものとし，溶存酸素濃度は水面からの再曝気と水中での有機物の分解に伴う酸素消費によって決定されるものとする。

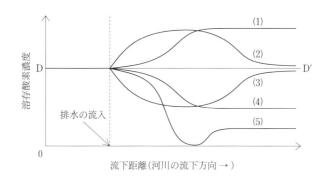

| 解　説 ▷

　溶存酸素垂下曲線に関する問題です（図2参照）。

　河川に流入した排水中の有機物は、溶存酸素を消費しながら好気性微生物によって分解されます。同時に、水面での気液平衡や藻類や植物プランクトンの炭酸同化作用によって酸素が供給されます。排水が流入する地点までは、この酸素供給と酸素の消費のバランスがとれているので一定の値で推移します。

　排水が流入すると有機物が増え、有機物の分解により多くの酸素が使われ、大気中等からの酸素供給が間に合わなくなり、水中の酸素濃度は減少します。

　しばらくすると、流入した有機物の分解が進み、水中の有機物量が少なくなるので酸素消費量が少なくなり、水中の酸素濃度は上昇し、流入した排水中の有機物がすべて分解されると、再び排水が流入する前の平衡状態の酸素濃度に戻ります。

　したがって、溶存酸素濃度の変化として最も適切なものは(3)です。

正解 >> （3）

練習問題

問8 河川の植生による自浄作用に関する記述として，最も不適切なものはどれか。

(1) 水域の植生，特にヨシ，マコモなどを用いた水質浄化実験が多く試みられてきた。

(2) 植生域は流れが制御されるので，懸濁物質の堆積が促進される。

(3) 植生に付着した微生物によって有機物が分解される。

(4) 植生に付着した藻類や植生自身による栄養塩の吸収がある。

(5) 十分な栄養塩吸収効果を得るためには，水生植物が繁茂した流れが速く狭い水域を設け，河川水を通過させる工夫が必要である。

解　説

　水域の植生による自浄作用で期待されているのは、栄養塩であるりんや窒素の除去である。(1)特にヨシ、マコモなどを用いた水質浄化実験が数多く行われている。

　植生による自浄作用には三つの要素がある。一つ目は懸濁物質除去能である。(2)植生域では流れが制御され、懸濁物質の堆積が促進される。二つ目は(3)植生に付着した微生物による有機物の分解作用であり、三つ目は(4)植生に付着した付着藻類や植生自身による栄養塩（りん、窒素）の吸収である。一般に河川では植生の繁茂域はそれほど大きくなく、また成長速度に比べて流速が速いので、栄養塩吸収効果はそれほど期待できない。したがって、汚濁した水が河川に流入する前に、(5)水生植物が繁茂した流れの緩やかな広い水域を設けて、そこを通過させるような工夫が必要である。

　したがって、(5)は下線部(5)に、「流れの緩やかな広い水域を設けて」とあるので「流れが速く狭い流域」は誤りで、最も不適切になります。

POINT

　本問は、受験テクニック的に考えると、(5)が誤りの文章であることが容易に類推できます。すなわち、設問にあるように「河川の植生による自浄作用に関する記述」であるならば、植生による汚染物質の吸収あるいは分解を出題の意図としているということなので、植生と汚染水との接触時間を長くとる方が植生の働き、効果がよ

り大きくなることは容易に類推できます。これに対して、<u>(5)では河川の流れを速く</u><u>して植生と汚染物質の接触時間を短くするということなので、汚染物質の吸収、分</u><u>解量が少なくなることを意味する</u>ので植生の働きを悪くする対策です。よって、(5)
は誤りと判断できます。

正解 >> （5）

練習問題

問8 河道の堆積物（たいせき）に生息する生物は，河川水質を判断する指標になるといわれている。水質階級と指標生物との組合せとして，誤っているものはどれか。

	（水質階級）	（指標生物）
(1)	貧腐水性	サワガニ
(2)	中腐水性	サホコカゲロウ
(3)	強腐水性	イトミミズ類
(4)	強腐水性	セスジユスリカ
(5)	強腐水性	カワゲラ類

解　説

水質階級と指標生物に関する問題です。

(5)のカワゲラ類は貧腐水性（きれいな水）の指標生物です。「強腐水性」（大変きたない水）の指標生物ではありません。

POINT

水質階級と指標生物の組合せの出題は、試験制度変更（平成18年）後では2回出題されています。出題頻度は高くはありませんが、水質階級とそれを代表する主な指標生物の組合せを覚えておくとよいでしょう。すべてを記憶するのは困難なので、次の組合せを記憶しておきましょう。

Ⅰ　きれいな水（貧腐水性）：ウズムシ類、サワガニ、カワゲラ類

Ⅱ　少し汚れた水（β-中腐水性）：ヒラタドロムシ

Ⅲ　汚い水（α-中腐水性）：サホコカゲロウ、ヒル類、ミズムシ

Ⅳ　大変汚い水（強腐水性）：サカマキガイ、セスジユスリカ、イトミミズ類

正解 >> （5）

練習問題

問7　河川の水質階級の指標生物として，誤っているものはどれか。

	（水質階級）	（指標生物）
(1)	強腐水性	イトミミズ類
(2)	強腐水性	セスジユスリカ
(3)	貧腐水性	ウズムシ類
(4)	中腐水性	ヒル類
(5)	中腐水性	サワガニ

解　説

水質階級と指標生物に関する問題です。

(5)のサワガニは貧腐水性（きれいな水）の指標生物です。中腐水性（汚い水）の指標生物ではありません。

POINT

前問（平成28・問8）より前に出題された問題ですが、指標生物として同じような生物名が挙げられていることに注目してください。

正解 >>　(5)

6-3 湖沼の環境

湖沼の環境について解説します。河川とは異なる湖沼の水温分布や、湖沼の植生について理解しておきましょう。

◾ 湖沼や貯水池の環境

湖沼や貯水池の水の流れは**河川に比べて穏やか**です。そのため、河川では工場などからの汚濁負荷量の流入が多くを占めるのに対し、湖沼等では植物プランクトンの増殖が原因となる有機物の**内部生産**が問題となります。ここでは湖沼や貯水池における水の挙動について説明します。

湖沼や貯水池では、春から夏にかけて太陽や大気からの熱エネルギーの増加に伴って、図1のような**水温成層**が形成されます。表層は温度が高く、風によって一様に混合されているので、

図1 水温成層の形成機構

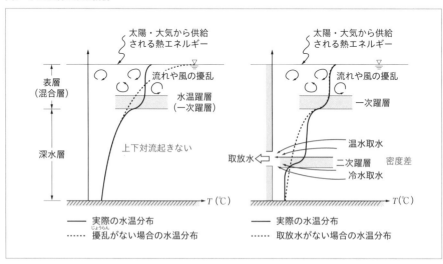

混合層と呼ばれています。**混合層**より深部では急激に**水温が減少する層**が存在します。これを**水温躍層**と呼びます。その下は**深水層**と呼ばれ、乱れや混合が小さい層になります。水面での熱交換や風などの気象要因で形成される躍層を一次躍層といいます。

　ダムや貯水池で取水（放水）する場合（図1（右））、上層の温かい水と、下層の冷たい水が取放水口に引き寄せられ、もう一つの水温躍層が形成されます。これを**二次躍層**と呼びます。これは人為的に形成された躍層です。躍層の上下間の密度差は大きいので、垂直混合が生じにくくなります。このような水温躍層は季節的に変化します。

2 湖沼の植生

　河川環境と同様に、陸側から湖水の水際線付近に向かって植生が多様に変化する移行帯を形成しています。水辺の植生は次のように分類されます。自浄作用については河川の植生と類似したものになります。

　①**水辺林**：ヤナギ、ハンノキ、カンボクなど
　②**湿生植物**：アゼスゲ、カサスゲ、ヒオウギアヤメなど
　③**抽水植物**：ヨシ、マコモ、ガマなど。水底の土に根を張るが、茎や葉は水面より上に伸ばす植物
　④**浮葉植物**：ヒシ、アサザ、ジュンサイなど。水底の土に根を張り、葉を水面に浮かべる植物
　⑤**沈水植物**：ササバモ、エビモ、コカナダモなど。水底の土に根を張り、茎や葉が水中に沈んでいる植物
　⑥**浮漂植物**：サンショウモ、ホテイアオイなど。根が水底に達せず、水中に垂れ下がり、全体が水面に浮き漂う植物

6-4 海域の環境

海域の環境について解説します。湖沼と同じ閉鎖性水域の環境負荷が問題となりますが、エスチャリー循環の決定要素や解析のための生態系モデルについて理解しておきましょう。

1 海域の環境

湖沼と同様に外海水と水の交換が悪い閉鎖性の内湾では、河川に比べ水質汚濁が進行しやすくなります。ここでは主にエスチャリー内での水循環について説明します。

◉エスチャリー

エスチャリー※とは、半閉鎖性の沿岸水で、外洋と自由な接点を有し、水塊は陸からくる淡水でかなり希釈されている水域をいいます。東京湾や伊勢湾などの海域や感潮河川もエスチャリーです。湖沼とは異なって、エスチャリーの物理的な循環は**塩分分布**から推定できます。

エスチャリーは、塩分分布から3つの型に分類できます（図1）。

◉正のエスチャリー

川や陸から**流入する淡水の量**が、**海面からの蒸発量より大きい**ものを**正のエスチャリー**※と呼びます。エスチャリーに流入する淡水は海から入り込んでくる塩水の上に浮かび、海面から海底まで垂直方向に徐々に混合していきます。この型は世界中の**温帯**のエスチャリーの典型です。

◉負のエスチャリー

逆に、**流入する淡水の量**が、**海面からの蒸発量より小さい**も

※：エスチャリー
「陸水と海水が共存する水域で、何らかの閉鎖性を伴うもの」と定義される。ここでは感潮部（河口付近で潮汐現象の及ぶ領域）も含めてエスチャリーと呼ぶ。

※：正のエスチャリー
正のエスチャリーは強成層型、フィヨルド型、緩混合型、均質型の4つの型に区分できる。大阪湾、伊勢湾、東京湾などは緩混合型エスチャリーに分類される。

図1　塩分分布による分類

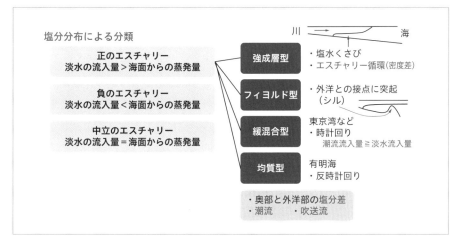

のを**負のエスチャリー**と呼びます。この型は**熱帯域**で多くみられます。大きい水域ではアラビア湾（ペルシャ湾）が負のエスチャリーの典型です。

◉**中立のエスチャリー**

中立のエスチャリーは**淡水の流入量と蒸発量が等しい**場合をいいます。これはまれにしか現れません。

◉**エスチャリー循環**

図1（右上）の正のエスチャリーの強成層型を例に、エスチャリーでの水の流れについて説明します。

塩分は海側にいくにつれ、急激に塩分が変化する層（湖沼の場合、水温躍層と呼んでいたが、エスチャリーでは**塩分躍層**と呼ばれる）が海面に近くなっていきます（浅くなってくる）。その塩分分布に対応して、表層水は下流向きの流れ、その下の塩水は河川向きの流れが存在します。このような循環は、河川と外洋の間の**塩分差**[※]、すなわち**密度差**によって誘起されるため

※：塩分差
エスチャリーでの流れは奥部と外洋部との間の塩分差（密度差）によって生じたエスチャリー循環が大きな特徴。そして水平的にも環流を生じさせる。対象とするエスチャリーがどの型であるかは塩分分布を測定することで推定ができる。

に**密度流**と呼ばれてきましたが、現在の沿岸海洋学では**エスチャリー循環**と呼ばれています。

◉潮流

エスチャリーの流れのもう一つ重要な特徴は、**潮流**の存在です。潮汐はエスチャリーの入口から内部に進入し、潮流が生成されます。潮汐の振幅は場所によって異なります。潮汐は**月及び太陽**による多くの周期的な力の集まりによって生じます。そしてそれぞれの周期成分を**分潮**と呼んでいます。主な分潮は4つあり、この組合せにより**大潮**、**小潮**のサイクルが現れます。一般には月齢が新月や満月に近いときに**大潮**、上弦や下弦の月のときに**小潮**となります。エスチャリー循環は平均的なエスチャリー内の流れを示すのに対し、潮流は**潮汐の周期**に対応して、典型的には半日、1日周期を持った流れを作り出します。

◉吹送流

このほかに、湖沼と同様に**風**によって誘起された流れ（**吹送流**）があります。特に、冬期の北西の季節風が比較的長期間吹き続けているような場合には、エスチャリー内には**吹送流循環**が卓越してきます。

2 物理モデル

このようにエスチャリー内の物理的な循環過程は、**エスチャリー循環**（密度流）、**潮流**、**吹送流**などで決定されます。現在では、河川流量、外洋での塩分や水温の垂直分布、風の場などの気象要因を正確に境界条件として与えれば、流れの場は数値モデルによって精度よく再現することができ、この**物理モデル**※の結果を用いて水質予測が行われています。

※：**物理モデル**
大規模水質特論では「流体力学モデル」と呼ばれている。

❸ 生態系モデル

水質モデルで重要なことは、湖沼と同様に環境基準として与えられている COD は決して保存的に振る舞うのではなく、水域内部で**植物プランクトンの光合成**により生産されるということです。これは湖沼についても同様です。したがって、水質汚濁機構を解明するためには、水域での**生物をめぐる物質循環**と、そこでの**物理過程による輸送・拡散**を合わせて考えることが不可欠となります。

物質循環を解析するためのモデルを**生態系モデル**と呼びます。生態系モデルとは、**資源**、**生産者**、**消費者**、**分解者**を考慮し、これらの間の**物質循環を定量的に解析するモデル**のことです。水域では資源は**栄養塩**、生産者は**植物プランクトン**、消費者は**動物プランクトン**、分解者は**バクテリア**が代表的なものです。

❹ 富栄養化現象

このような生態系の解析ができて初めて、エスチャリー内の有機物や栄養塩といった水質分布の解析ができます。エスチャリーにおける環境の問題は**赤潮**※などが頻発する**富栄養化現象**であり、これは**夏期の底層の貧酸素化現象**を伴っています。特に、貧酸素化は生物に大きな被害を与え、ひいては生態系を変えてしまうような大きな問題を生じさせます。底層に形成された貧酸素水塊は、風による吹送流循環によって表層に**湧昇**し、干潟や浅場を襲う**青潮**※となり、そこに生息する魚介類に大きな被害をもたらすことで知られています。

※：赤潮
極度に栄養成分が過剰となり、植物プランクトンに代表される生物の異常増殖が起こり海面の色が赤く変化した状態。

※：青潮
夏の間に底層の貧酸素水層で生成した腐った海水層が、冬場に強い北風等で発生した上下滞留で浮上して海面の色が青く変化した状態。

練習問題

平成20・問7

問7 閉鎖性海域(エスチャリー)の物理的循環過程に関する記述として，誤っている
ものはどれか。

(1) 物理的循環過程は，エスチャリー循環，潮流，吹送流などで決定される。

(2) 潮汐は，月及び太陽による多くの周期的な力の集まりによって生じる。

(3) 潮汐によって生成される潮流には，潮汐に対応して半日や1日の周期をもつ
成分が存在している。

(4) エスチャリー循環は，主としてエスチャリー奥部と外洋部との間の温度差に
よって引き起こされる。

(5) 一般には，月齢が上弦や下弦の月に近いときに小潮となる。

| 解 説 |

閉鎖性海域(エスチャリー)の物理的循環過程についての問題です。

エスチャリー循環は、主としてエスチャリー奥部と外洋部との間の塩分濃度差(密
度差)によって引き起こされます。(4)の「温度差」は誤りです。

| POINT |

閉鎖性海域(エスチャリー)の物理的循環過程についての出題頻度は高くありませ
んが、最近では平成26年、平成27年と連続して出題されています。

また、閉鎖性水域の富栄養化問題や大規模水質特論でも関連する問題が出題され
ますので、次のポイントだけは記憶しておきましょう。

①閉鎖性海域の物理的な循環過程は、エスチャリー循環、潮流、潮汐、吹送流な
どで決定される。

②エスチャリー循環は、主としてエスチャリー奥部と外洋部との間の塩分濃度差
(密度差)によって引き起こされる。

③塩分分布から分類されるエスチャリーの3つの型(正のエスチャリー、負のエ
スチャリー、中立のエスチャリー)と正のエスチャリーの4分類(強成層型、フィ
ヨルド型、緩混合型、均質型)の特徴とその海域例

④潮流の特徴

　しかしながら、国家試験では重箱の隅をつつくような記述が正解となった例は少なく、本問でも大原則である「エスチャリー循環は塩分濃度の差によって引き起こされること」を記憶していれば、(4)の「温度差」が誤りであることに気が付きます。

正解 ≫　（4）

練習問題

問7 エスチャリーの物理的な循環について，次の記述のうち誤っているものはどれか。

(1) エスチャリーは，塩分分布から，正のエスチャリー，負のエスチャリー，中立のエスチャリーの三つの型に分類できる。これは水面からの蒸発量と陸からの淡水流入量の大小関係から決まる。

(2) 北半球において，均質型のエスチャリーでは，反時計回りの水平循環が生じる。

(3) エスチャリーでは潮汐によって潮流が生成される。潮汐は多くの周期成分からなるが，M_2，S_2，K_1，O_1 の周期成分が大きく，主要4分潮と呼ばれている。

(4) エスチャリーの物理的な循環は，エスチャリー循環(密度流)，潮流，吹送流などで決定される。

(5) 大阪湾，伊勢湾，東京湾などは，負のエスチャリーに分類される。

解説

同じくエスチャリーに関する問題です。

(5)の大阪湾、伊勢湾、東京湾などは、川や陸から流入する淡水の量が、海面からの蒸発量より大きい「正のエスチャリー」に分類されます。「負のエスチャリー」ではありません。

なお、負のエスチャリーは、流入する淡水の量が、海面からの蒸発量より小さいもので、熱帯地域で多くみられる型です。

POINT

前問(平成20・問7)の解説でも記述したように、エスチャリーの基本を記憶していれば容易に正解が判断できます。

正解 >> (5)

6-5　富栄養化

富栄養化について解説します。これまでみてきた閉鎖性水域での代表的な水質汚濁現象です。富栄養化の仕組みを理解しておきましょう。

1 富栄養化

本来、富栄養化とは湖水中の**栄養成分の量が徐々に増えていくこと**を意味しています。極貧栄養から富栄養・過栄養に達するまで非常に長い期間(数万年から数百万年)を要する遷移現象を指しています。

しかし、近年の人間活動の大規模化によって、栄養成分の水域への負荷が加速的に増大しました。特に湖沼やエスチャリーは停滞性の強い水域であり、極度に栄養成分が過剰となり、植物プランクトンに代表される**生物の異常増殖**が起きます。これは海面の色が赤く変化することで**赤潮**と呼ばれてきました。これによって水質が悪化し、様々な利水障害がもたらされ、注目されるようになりました。

2 栄養素

生物の増殖に関与する物質は親生物元素と呼ばれる**炭素**(C)、**窒素**(N)、**りん**(P)などが代表であり、**マクロ栄養素**と呼ばれます。そのほかにビタミンや鉄などの微量成分があり、ミクロ栄養素と呼ばれています。

湖沼では**りん**が植物プランクトンの成長のためには最も不足している(**制限栄養素**と呼ばれる)ことが多いので、**りん**を指標にする場合が多くみられます。

海域では**窒素**が相対的に不足している海域も多く、窒素循環を中心に考えている場合もあります。海域の場合は、植物プラ

223

図1 富栄養化

富栄養化	湖水中の栄養成分の量が徐々に増えていくこと 極貧栄養→富栄養・過栄養までの遷移現象（自然現象）

マクロ栄養素	ミクロ栄養素	・レッドフィールド比(植物プランクトンの体組成比) 　$C:N:P=106:16:1$ 　$N/P=16$
・炭素 C ・窒素 N ・りん P	・ビタミン ・鉄など 　(微量成分)	・増殖生物 　淡水赤潮：ウログレナ，ペリディニウム 　アオコ：ミクロキスティス

・湖沼　…　りんを指標とする場合が多い。
・海域　…　窒素循環を中心に考える場合もある。
・原因：栄養塩の過剰な供給
　　　　→河川からの供給と海域内での循環過程の解明が必要
・りんの循環
・窒素の循環（酸化還元，硝化バクテリア）

ンクトンのマクロ栄養素に関する体組成比は**C：N：P＝106：16：1**（原子比）であり、**レッドフィールド比**と呼ばれています。これより、窒素とりんの比（N/P比という）は16となります。この比が16を超えるとりんが相対的に不足し、16より小さいと窒素が不足することになります。この比はその水域がりん制限か窒素制限かを簡便に判断する際に使われています。

3 りんの循環

　冬の間、堆積物表層の酸化層には本来なら海水へと拡散していく**りん酸**がトラップされ、多量のりん酸が蓄積されています。東京湾におけるりん循環の調査結果では、堆積物表面の数mmの部分に冬季には全りんで50.6μmol/g、夏季には32.4μmol/gが蓄積していることが分かっています。この酸化層は夏季になって底層が貧酸素化に見舞われると短期間で消失し、ため込んできた**りんを一気に放出する**ことになります。一度に大量のりん酸が放出されることにより、富栄養化がますます深刻化します。富栄養化したエスチャリーや湖沼では多かれ少なかれ同じような現象が起きています。

4 窒素の循環

硝酸塩(NO_3^-)は窒素の最も酸化された形態です。それは好気的な環境の下で**植物プランクトン**によって摂取され、いったん細胞の中に入ります。そしていくつかの酵素（硝酸塩リダクターゼを含む）を含んだ同化のプロセスで**還元**されます。硝酸塩も最終的な**電子受容体**※として使われています。

第1段階は硝酸塩から**亜硝酸塩(NO_2^-)**への還元です。そして**NO**や**N₂O**となり最終的には**N₂ガス**へと還元されていきます。この過程は**脱窒**と呼ばれており、相伴って酸化される**有機物**（すなわち還元される**炭素**）の供給を必要とします。脱窒は**嫌気的な条件**※が必要です。

アンモニア(NH_4^+)も植物プランクトンによって水から摂取されます。アンモニアはまた硝化バクテリアによって酸化されます。**硝化**※は第1段階としてバクテリアによってアンモニアから**亜硝酸塩**へ酸化されます。さらに亜硝酸塩から**硝酸塩**へ酸化されます。両反応とも**酸素**が必要となり、反応の過程でエネルギーを発生します。

窒素循環には、また**気体の窒素**がラン藻やバクテリアによって有機物へ固定される経路もあります。窒素を固定する微生物は自由生活者（free living）であるか、一次生産者との共生や動物との共生者です。

生物中の有機体の窒素化合物は死後**デトリタス**（懸濁体有機物）や**溶存有機物**になります。これらは究極的にはバクテリアによって無機化され窒素成分はアンモニアに向かいます。動物プランクトンはアンモニアを尿素とともに排泄しています。魚は相対的に多くの尿素と他の有機物を排泄しています。

※：電子受容体
電子受容体とは、電子を他の物質から受け取る物質のこと。このとき自身は還元される。一方、電子供与体とは、電子を他の物質に与える物質のこと。このとき自身は酸化される。
【例】
$NO_2^- + 1/2O_2$
$= NO_3^-$
①NO_2^-は電子供与体
②NO_3^-は電子受容体

※：嫌気的な条件
無酸素あるいは酸素がほとんどない状態。一方、好気的な条件とは、酸素が十分あるいは必要量ある状態。

※：硝化
アンモニア(NH_4^+)→亜硝酸(NO_2^-)→硝酸(NO_3^-)と酸化する反応。

練習問題

問8　半閉鎖性内湾(エスチャリー)の富栄養化に関する記述として，誤っているものはどれか。

(1) 富栄養化の進んだ湾では，植物プランクトンが増殖した赤潮状態がしばしば観測される。

(2) 夏には，成層が形成され，沈降したプランクトンの死骸の分解に酸素が消費されるため，底層は貧酸素又は無酸素状態になりやすい。

(3) 底層の酸素が枯渇すると，硫酸イオンの酸素原子が消費され，硫化水素が発生しやすくなる。

(4) 富栄養化が進み，底層が貧酸素化した海域では，海底に沈降するりんの大部分は堆積物に埋積する。

(5) 貧酸素状態や無酸素状態の底層水が海表面に湧昇し，青潮とよばれる現象がしばしば観測される。

解説

富栄養化に関する問題です。

富栄養化の進んだ湾などでは、底層が貧酸素化し、嫌気性微生物によって海底に堆積したデトリタス(懸濁体有機物：植物プランクトンや動物プランクトンの死骸などの懸濁体有機物)が分解されます。このため、デトリタスの中に取り込まれていたりんの大部分が水中に回帰します。したがって、(4)の「海底に沈降するりんの大部分は堆積物に埋積する」は誤りです。

POINT

(半)閉鎖性水域での富栄養化についての出題頻度は高くはありません。閉鎖性水域における富栄養化は、東京湾、伊勢湾、瀬戸内海(大阪湾を含む)におけるCOD、窒素、りんの総量規制のきっかけとなった現象です。

本問の詳細な内容は大規模水質特論の範囲ですが、基本的なことは水質概論の出題範囲になっていますので、本問で記述されている内容は記憶しておきましょう。

正解 >> (4)

練習問題

問8　水域における窒素の循環に関する記述として，誤っているものはどれか。

(1)　窒素の最も酸化された形態は，硝酸性窒素である。

(2)　硝酸性窒素は，最終的な電子供与体として使われることがある。

(3)　硝酸性窒素は，電子受容体として用いられると，亜硝酸性窒素へと還元される。

(4)　アンモニア性窒素は，好気的な環境でニトロソモナスなどの細菌により，亜硝酸性窒素へと酸化される。

(5)　好気的な環境では，亜硝酸性窒素はニトロバクターなどの細菌により，硝酸性窒素へと酸化される。

解　説

　水域における窒素の循環に関する問題です。

　酸化と還元は常に同時に起こります。酸化とは電子を放出する反応で，還元とは電子を受け取る反応です。結果として、酸化の場合は、マイナスの電荷をもつ電子が飛び出すので自身の酸化数は大きくなり、還元の場合はマイナスの電荷をもつ電子を受け取るので酸化数が小さくなります。

　(2)の硝酸性窒素の窒素の価数は$+5$で、最も酸化された状態（放出できる電子をすべて放出した状態）です。そのため、これ以上放出できる電子をもたないので、電子供与体には成りえません。

POINT

　本問は汚水処理特論の酸化と還元及び生物的硝化脱窒素法の内容を先取りしたような問題です。

　なお、本問の(4)(5)は重箱の隅をつつくような内容ですが、これらの正誤が分からなくても、酸化と還元の知識があれば(2)が誤りとすぐに気が付きます。

正解 >>　(2)

6-6 生物蓄積

生物蓄積について解説します。食物連鎖の中で化学物質などが濃縮される仕組みを理解しておきましょう。

1 生物蓄積

1950年代後半（1956年公式確認）に**水俣病**が確認され、水俣病[※]の原因が、環境中に排出された**有機水銀化合物**を体内に蓄積した魚介類を摂取したことによるものと判明して以来、**生物への化学物質の蓄積**が注目を浴びてきました。最近では、**残留性有機汚染物質**（POPs）が大きな関心を集めています。POPsとは、毒性を持ち**難分解性**であって**生物に蓄積されやすく**、したがって長距離移動性を有する物質とされています。このようなPOPsや金属類が生態系に与える影響（環境リスク）についても大きな関心が持たれています。

※：水俣病
熊本県の水俣湾周辺で発生したメチル水銀化合物（有機水銀）による中毒性中枢神経系疾患。その後、新潟県の阿賀野川流域でも同様の中毒症状が発生した。これは第二水俣病と呼ばれている。

2 生物濃縮と経口濃縮

生物濃縮とは、水中の化学物質が**食物以外の経路**で、えらや体表から生物体に取り込まれ濃縮されることをいいます。**経口濃縮**とは、餌の栄養とともに、**餌中の化学物質**を腸管で取り込み蓄積していく過程をいいます。**生物蓄積**とは、これらの2つの過程によって生物体内に蓄積されていく過程をいいます。

図1 生物蓄積

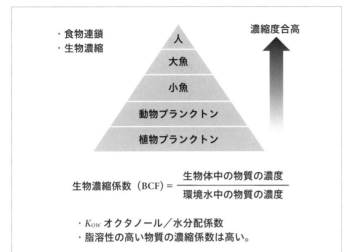

※：生物濃縮係数（BCF）
一定の期間水生生物が化学物質の曝露を受けたときの生物体内の化学物質濃度を、その期間の周辺水中の化学物質濃度で割った値で、この値が大きいほど生物体内に濃縮しやすい。例えば、BCFが5,000であれば、環境中での濃度に比べて生物体内の濃度が5,000倍に濃縮されていることを示す。

※：オクタノール/水分配係数
オクタノールと水の混合物に物質を溶解させたときのオクタノール中の物質濃度と水中の物質濃度の比をオクタノール/水分配係数といい、K_{ow}で表す。

3 生物濃縮係数

生物体中の物質の濃度と環境水中のその物質の濃度との比を**生物濃縮係数（BCF：Bioconcentration Factor）**※と呼びます。BCFの単位はmL/gで、非極性化合物の**オクタノール/水分配係数**※（K_{ow}）と相関があるといわれています。

化学物質は生物体内の**脂質中**に蓄積しやすい傾向があることが分かっています。したがって、K_{ow}の値が大きいほど油脂に溶けやすく、水に溶けにくい、すなわち生物体内に蓄積しやすいことを示します。

図1に生物蓄積に関するポイントを示します。

> **ポイント**
> ①生物蓄積とは、経口濃縮と生物濃縮によって生物体内に化学物質が蓄積されていく過程をいう。
> ②油脂に溶けやすく、水に溶けにくい物質ほど生体内に蓄積されやすい。

6-7 地下水の汚染

地下水の汚染について解説します。近年、地下水の汚染で注目されるトリクロロエチレン等の揮発性有機塩素化合物、硝酸塩について理解しておきましょう。

1 地下水とは

地球の水の総量のうち97.5%を海水が占め、淡水は残りの2.5%です。淡水のうち氷河などの雪氷が70%、地下水が29%、そして残りが河川水、土壌水、水蒸気などとなります。土壌の砂の層は様々な粒子径の粒子で構成されていますが、個々の粒子間には隙間が存在します。その隙間を水が完全に満たしているとき（飽和している状態）その層を飽和層といい、そこに含まれている水を**地下水**といいます。地表に近い地中では隙間は水だけではなく、空気が入り込んでいる状態となっています。このような状態の層を**不飽和層**といいます。地表面に穴を掘っていくと、ある深度から水がゆっくりと染み出て、しばらくすると穴の中に水面ができます。これが地下水面です。

2 地下水の汚染

地下水問題としては取水による地盤沈下、沿岸域での塩水化がありましたが、1980年代には汚染の問題が大きく取り上げられるようになってきました。その代表が**トリクロロエチレン**などの**揮発性有機塩素化合物**等の汚染と、**硝酸塩**の汚染です。揮発性有機塩素化合物は使用することを目的に**人工的に合成**された物質であるのに対して、硝酸塩は大気中の**窒素ガス**を起源とし、自然界に多量に存在する物質です。硝酸塩はメトヘモグロビン血症（チアノーゼ、窒息症状）を引き起こす物質として、**水道水質基準**や**環境基準**が定められています。

図1　地下水汚染

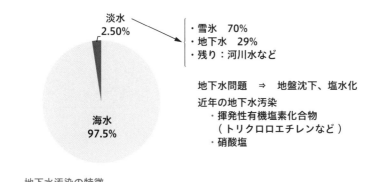

淡水
2.50%

・雪氷　70%
・地下水　29%
・残り：河川水など

地下水問題　⇒　地盤沈下、塩水化
近年の地下水汚染
　・揮発性有機塩素化合物
　　（トリクロロエチレンなど）
　・硝酸塩

海水
97.5%

地下水汚染の特徴
　いったん汚染を受けると回復するには非常に長い時間を要する。
　①地下水の流れの方向の把握が難しい。
　②既存の井戸で調査　→　十分な汚染状況を把握できない。
　③汚染源を見つけることが困難
　④垂直方向の汚染の広がりを把握し難い。

3 地下水汚染の特徴

　土壌や地下水中では水の移動速度が遅く、無機体窒素は**硝酸体窒素**として地下環境中に蓄積されます。なかでも、地表面と地下水の間に粘土などの不透水層のない浅い地下水中で、高濃度で検出されることがあります。

　地下水への窒素供給源として、農業系、畜産系、生活系、産業系、大気汚染系、自然系（森林伐採）があります。これまでの実態調査からは、**農業系**と**畜産系**が主要な汚染源であることが分かっています。

　地下水の流動構造を把握することは難しく、いったん汚染が起こるとその原因を特定するためには多大の労力、時間、費用が必要です。また、汚染の回復は困難であり、影響が長期にわたります。

　図1に地下水汚染に関するポイントを示します。

第 **7** 章

水質汚濁の影響

7-1 人の健康に及ぼす影響

本章では水質汚濁の影響について解説します。人、水生生物、農業などへの影響に分けられますが、特に出題頻度が高いのは本節の「人の健康に及ぼす影響」です。毒性の評価や各症状について理解しておきましょう。

1 有害物質の人体影響

人体に対する水質汚濁の影響は、汚染された飲料水を**直接飲用して影響を受ける場合**と、汚染された魚介類や農作物を人が摂取して発症する**間接的な影響**の場合があります。

化学物質が有害であるか否かは、物質の**質**と**量**が大きな要因となります。例えば、いかに毒性の強い物質であっても、ごく微量の摂取の場合には毒性は現れません。また、毒性の弱い物質でも非常に多量飲用すれば、毒性は現れてきます。すなわち、各々の化学物質に安全量があって、**安全量の小さいもののほう**が**毒性が強い**ことになります。

●有害性の評価

化学物質の毒性を表現するのに**動物の50％致死量（LD_{50}**[※] **（mg/kg）**）が一般に使われます。経口投与の場合には、毒物はLD_{50}（半数致死量）が50mg/kg以下、劇物はLD_{50}が50～300mg/kg以下と「毒物及び劇物取締法」で規定されていますが、これは**急性毒性**[※]を中心に評価したものです。環境汚染の場合は、**慢性毒性**[※]の危険性が多いので、急性毒性だけではなく慢性毒性についても考慮する必要があります。また、毒性は動物の**種類**、**性別**、**年齢**、**栄養状態**及び**化学物質の化学種**、**共存物質**、**代謝**、**投与方法**などにより大きく影響を受けるので、これらの点についても考察しなければなりません。以下に、水質汚濁によって起こる化学物質による生体影響について、金属

※：LD_{50}
動物実験で投与した動物の半数が死亡する用量。

※：急性毒性
投与直後から数日以内に発現する毒性。

※：慢性毒性
半年から1年程度の長期間にわたり連続又は反復投与されることにより発現する毒性。

を例にして説明します。

2 金属による人体影響

◉3つの暴露経路

環境中に存在する金属は、主に**経口摂取**、**経気道暴露**や**経皮吸収**の3つの暴露経路※を通じて体内に取り込まれます。水中に存在する金属は、飲料水として直接経口摂取することもあれば、水域に生息する生物を介して食品として摂取する場合もあります。土壌中に含有する金属は、植物に吸収され、牧草や野菜を介して経口摂取で生体内に取り込まれます。大気中の金属は、経気道的に体内に直接侵入する場合が多くみられますが、間接的に水を汚染したり、食品を汚染したりして、経口摂取で体内に取り込まれる場合もあります。

※：暴露経路
環境中に存在する有機化合物も金属と同様の経路で生体内に取り込まれる。

◉侵入経路による毒性の違い

次に問題になる点は金属の生体内への侵入経路です。一般に金属が生活環境において体内に侵入する経路には上記のとおり3つありますが、この**侵入経路の違いによって毒性の発現が異なります**。

例えば、金属水銀が経口摂取された場合には、水銀の消化管からの吸収はほとんどなく毒性が軽微であるのに反して、水銀蒸気として経気道暴露した場合には体内によく吸収され、非常に強い毒性が現れるので、生体影響としての毒性を論じるには侵入経路について考察する必要があります。

◉化合物の種類による毒性の違い

同じ金属であっても**化合物の種類によって毒性が異なります**。例えば、塩化水銀（Ⅱ）のLD_{50}（ラット）は37mg/kgであるのに対して、よう化水銀（Ⅰ）のLD_{50}は310mg/kgで相当の差があります。このように化合物の種類、すなわち化学種の差が毒性に影響を与えることもあります。

◉**暴露期間による毒性の違い**

さらに金属の暴露時に、総金属暴露量が同一量であっても、**一時に多量暴露**した場合と**少量ずつ長期間の暴露**の場合とでは毒性の程度は異なり、急性毒性と慢性毒性との相違についての配慮も必要です。

◉**金属間の相互作用**

以上、一般的な金属の有害性の問題を説明してきましたが、実際に生体が金属の暴露を受けるときは、金属の**複合汚染**※を考えなければなりません。その場合、毒性が**相加的**あるいは**相乗的**に現れる場合がある一方で、**抑制的**に現れる場合もあります。

例えば、無機水銀摂取の場合、セレンがその毒性を**著しく軽減**させたり、カドミウム中毒に対して**亜鉛**が**抑制的に作用した**りすることなど、金属間にはかなりの相互作用のあることが知

※：複合汚染
複数の汚染物質が混合することで、一般的には、個々の汚染物質が単独の場合に与える被害の質・量が相加的あるいは相乗的に現れること。

図1　有害物質の人体影響

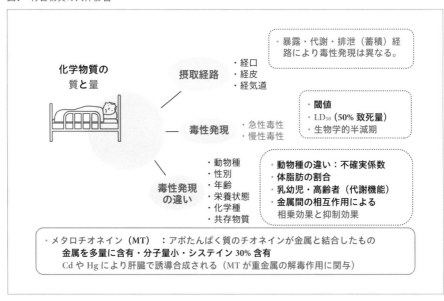

られています(図1)。

3 金属濃度と毒性

生体内に重金属が侵入した場合、毒性の発現は**金属濃度**により左右されます。体内蓄積性の高い水銀に暴露を受けた場合、現れる亜急性あるいは慢性毒性は、体内全蓄積量あるいは最も障害を受ける臓器内蓄積量が**ある限度を超えたとき**に、はじめて中毒が現れます。この限界量あるいは濃度を**閾値**と呼んでいます。この値を超えなければ、長期間金属が体内に存在していても障害を与えることはありません。

4 金属の化学種と毒性

生体内の金属濃度は中毒と深い関係ありますが、取り込まれる金属化合物の種、すなわち化学種による中毒の相違も考慮しなければなりません。

無機水銀の代表としての**塩化水銀(Ⅱ)**と、**有機水銀**の代表としての**メチル水銀**の毒性を比較すると、特に**慢性毒性**において、無機水銀では**腎障害**と軽度の**肝障害**が現れますが、メチル水銀では特異的な**脳神経障害**が現れます。この場合、メチル水銀は血液‒脳関門を容易に通過し**脳内に蓄積**しますが、無機水銀の場合は血液‒脳関門を通過しないため脳中への蓄積はわずかです。これは、水銀化合物の化学種の違いが有害性を左右しているものと考えられています。

5 生物学的半減期と毒性

生物学的半減期も毒性との関連において重要です。半減期※の長いものは生体内に残留する時間が長く、言い換えれば、排泄されにくいので毒性が現れやすくなります。塩化水銀(Ⅱ)のラットにおける生物学的半減期は4〜10日、メチル水銀では15〜20日です。**有機水銀**は塩化水銀(Ⅱ)に比べて半減期が長いため**排泄されにくい**ことがわかります。人ではメチル水銀の

※：半減期
物質やその能力や機能、濃度などが、代謝などの化学的な反応などによって半減するまでに要する時間。

生物学的半減期は約70日です。そのため経口摂取の場合の体内蓄積量をこの生物学的半減期を用いて算出できます。

❻ 金属間の相互作用

　有害性金属が複合して生体内に作用する場合、当然のことながら、それぞれの毒性が**相加的**あるいは**相乗的**に現れることもありますが、これとは逆に**毒性が弱められること**があります。この毒性が弱まる現象は、金属間の相互作用のうちで、その作用が互いに拮抗的であることにより現れる現象です。例えば、**鉄**は貧血に非常に大きな関連を持ち、**ヘモグロビン**※の重要な成分です。鉄欠乏性貧血には鉄剤を投与すればかなりの改善がみられますが、銅を同時に投与すればその効果がさらに顕著になることが知られています。この場合、ヘモグロビンの生合成には鉄のみでなく、**微量の銅**が必要であることがわかっています。

　また、**マンガン**が食餌中に多量存在すると貧血を起こし血清中の鉄濃度を低下させ、ヘモグロビンの形成を非常に遅らせますが、鉄を投与することによりこれらの現象が消失することが知られています。これは、マンガンと鉄との拮抗作用によるものと考えられています。

※：ヘモグロビン
血液中にみられる赤血球の中に存在するタンパク質で、酸素分子と結合する性質を持ち、肺から全身へと酸素を運搬する役割を担っている。

◉ メタロチオネイン（Metallothionein）

　金属の毒性を論ずるに当たり、重要な役割を果たすものに**メタロチオネイン**があります。メタロチオネインは**重金属の解毒作用**を持つといわれています。

　MargoshesとValleeはウマの腎臓から、カドミウムを多量に含有する低分子量のたんぱく質を見いだしました。これはアポたんぱく質であるチオネイン（thionein）が金属（metal）と結合したものなので、**メタロチオネイン**と名付けられました。

　メタロチオネインの特性は、

　①金属を多量に含有していること

②分子量は小さく6,000 ～ 8,000程度

③組成アミノ酸にシステインを約30％含有すること、芳香族アミノ酸をほとんど含まないこと

です。また、非常に重要なことは、カドミウムや水銀などの金属によって肝臓などで誘導生合成されるということです。このことが重金属中毒と深い関係があるとされ、**メタロチオネイン**が**重金属の解毒作用**の役割を果たしていると考えられています。

⑦ 化学物質のリスク評価

化学物質によるリスクは、次式に示すように、**危険・有害性（ハザード）**と**暴露量**によって決まります。

リスク＝危険・有害性（ハザード）×暴露量

したがって、化学物質のリスク管理を考える場合は、化学物質の危険・有害性（ハザード）を評価（用量－反応アセスメント）するだけでなく、**暴露量**を併せて評価することによりリスクの暴露評価（暴露アセスメント）を行い、その結果に基づいて総合的なリスクの判定を行う必要があります。

●閾値が存在する場合

閾値※が存在する化学物質の安全性を考えるとき、動物実験から求められるその投与量以下では影響が認められない**無影響量**（**NOEL**：Non-observed effect level）、又は有害な反応が認められない**無毒性量**（**NOAEL**：Non-observed adversed effect level）の情報を知ることが必要です。

化学物質の毒性から人の健康を守るためには、毒性が発現しないような**許容濃度**を決め、摂取量がこの基準以下となるように食品中や環境中の化学物質を抑えることが必要です。

人が一生涯摂取し続けても悪影響を生じないと考えられる体重1kg当たりの1日当たりの摂取量（$mg \cdot kg$（体重）$^{-1} \cdot d^{-1}$）を**耐容一日摂取量**（**TDI**：Tolerable daily intake）といいます。TDI

※：閾値
特定の作用因子が生物体に対しある反応を引き起こすのに必要な最小あるいは最大の値。

239

は最も感受性が高い動物を用いた試験で得られた**NOEL又は NOAELを不確実係数で割ったもの**です。不確実係数には通常 100が用いられますが、この値は動物から人へ外挿するときの種差による係数を10、個体差によるものを10と見込んだものです。

◉**閾値が存在しない場合**

一方、発がん物質のような遺伝子を攻撃してがん細胞をつくるような不可逆的な毒性を引き起こすものには**閾値が存在しない**と考えられています。このような化学物質は完全になくならない限り**危険率はゼロにならない**(ゼロリスク)ので、TDIを設定することは理論的に不可能です。そこで、人が受けると予想

図2 閾値がある場合とない場合のリスク評価

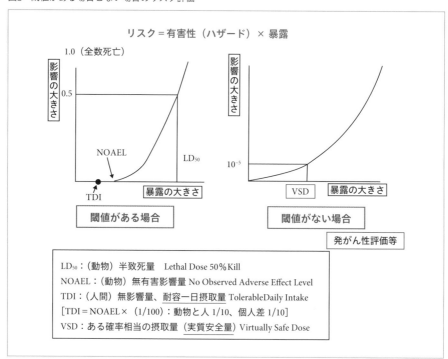

240

される危険性が十分小さければ、**その量が実質的に閾値と同様な取り扱いが可能**であろうとの考えが定着しています。このような量が**実質安全量**（VSD：Virtually safe dose）と呼ばれるものです。我が国の水道水の水質基準策定においては、10^{-5}（1/100,000）の生涯危険率が用いられています。10^{-5}の生涯危険率は一生涯ある濃度の化学物質を摂取し続けた場合、日本全国において年間16人（人口×生涯危険率÷平均寿命）が、この化学物質による健康被害を被る危険率となります（図2）。

8 金属・有機化合物の毒性

表1に金属及び有機化合物とその主な症状の一覧表を示します。次に物質ごとの症状について補足的な説明を述べますが、医学用語が頻出することもありすべて覚えるのは困難ですので、表1の色の付いた箇所を中心に記憶しておきましょう（国家試験で出題された箇所です）。

①**Hg^{2+}の水銀**：腎臓に蓄積しやすいため**腎障害**を引き起こし、特に近位尿細管の上皮細胞を障害します。

②**メチル水銀**：種々の臓器に分布し、血液–脳関門を通過して脳にも高い蓄積を示します。求心性視野狭窄、知覚異常、言語障害、歩行障害、聴覚障害などの**Hunter–Russell症候群**といわれる特異な中枢神経症状を主な特徴とします。

③**カドミウム**：**腎障害**は主として近位尿細管機能の異常です。その結果、再吸収が阻害され、アミノ酸尿、糖尿、低分子たんぱく（β_2–ミクログロブリン）尿を呈します。富山県神通川流域の婦中町一帯で発生した、いわゆる**イタイイタイ病**は更年期以後の女性を侵す骨軟化症です。

④**鉛**：消化管形、神経・筋形、脳形の3症候群のいずれかの主要症状を示します。消化管形としては、食欲不振、便秘に続いて、不定の腹痛、さらに進むと**鉛疝痛**が起こります。

⑤**ひ素**：飲料水による慢性ひ素中毒としては、台湾南部の海岸に近い井戸水による**烏脚病**が知られています。

表1 金属及び有機化合物とその主な症状

化学種	主な症状
無機水銀	腎障害、口腔症状、神経症状、肝臓障害
メチル水銀 （アルキル水銀、有機水銀）	求心性視野狭窄、知覚異常、言語障害、歩行障害、聴覚障害（Hunter-Russel症候群）、胎盤通過
カドミウム	腎障害（たんぱく尿）、骨軟化症（カドミウム摂取障害、イタイイタイ病）
鉛	鉛疝痛、コプロポルフィリン尿、貧血（慢性中毒）
ひ素	色素沈着、落屑性、皮膚炎、烏脚病
セレン	克山病（心筋症）
クロム	鼻中隔穿孔（クロム(VI)）、皮膚炎（皮膚潰瘍）
シアン化合物	チトクロームオキシダーゼ（呼吸系酵素）阻害
農薬（有機りん）	アセチルコリンエステラーゼ阻害によりアセチルコリン蓄積、縮瞳、筋線維性痙攣
PCB	塩素ざ瘡、色素沈着
揮発性有機塩素化合物	肝臓・腎臓・中枢神経系阻害、（テトラクロロエチレン：脂肪に蓄積）
ダイオキシン類	発がん性、催奇形性、免疫毒性
亜硝酸体・硝酸体窒素	メトヘモグロビン血症（乳幼児）

⑥**セレン**：人におけるセレン欠乏症としては、心筋症を起こす**克山病**(Keshan disease)がよく知られています。

⑦**クロム(VI)**：一般に**クロム(VI)**(**六価クロム**)化合物はクロム(III)(三価クロム)化合物より毒性が強いとされています。クロム(VI)を含む空気やダストを吸入すると**鼻中隔穿孔**や肺活量の減少などの呼吸器障害を起こします。

⑧**シアン**：遊離シアンを経気道、経口及び皮膚経由から吸収すると、血液中でシアノヘモグロビンを生成します。その作用部位はミトコンドリアの電子伝達系の**チトクロムオキシダーゼ阻害**です。その酵素活性にあずかる金属、特にポルフィリン鉄(II)にシアンが結合して不活性化し、組織での酸素の消費が阻害されて窒息が起こります。

⑨ **有機りん剤**：有機りん剤の中毒症状は、副交感神経の伝達因子であるアセチルコリンを分解する**アセチルコリンエステラーゼ**の活性中心のセリン水酸基を有機りん系農薬がりん酸エステル化して阻害するため、**アセチルコリンが異常に蓄積し**、コリン作動性神経である副交感神経が過度に刺激されることに起因します。

⑩ **PCB**：PCBの生体内残留性は、肝臓で代謝されにくいため置換塩素数の多いものほど高くなります。皮膚や粘膜にニキビ、ざ瘡、顔面浮腫、吹き出物、色素沈着、眼瞼（がんけん）マイボーム腺からの過剰分泌物などが認められます。

⑪ **テトラクロロエチレン**：揮発性有機塩素化物に分類される物質です。パークロロエチレン（PCE）とも呼ばれます。血液中に入ると**脂肪**に分布しやすい物質です。

⑫ **トリクロロエチレン**：揮発性有機塩素化物に分類される物質です。IARC※によって人に対する発がん性が認められています。

☑ ポイント

①化学物質の有害性は、質と量が大きな要因となる。
②侵入経路、化合物の種類、暴露期間等によって毒性が異なる。
③金属の複合汚染では、毒性が相加的・相乗的に現れる一方、抑制的に現れる場合もある。
④メタロチオネインは、重金属の解毒作用を持つといわれる。
⑤リスクの評価は、「危険・有害性（ハザード）×暴露量」で決まる。
⑥LD_{50}、NOEL、NOAEL、TDI、閾値、VSDの意味を理解する。
⑦閾値が存在しない場合はVSDを設定する。
⑧水銀、カドミウム等の主な物質の毒性や症状を覚えておく（表1）。
⑨副交感神経をコントロールするアセチルコリンの量を制御しているアセチルコリンエステラーゼの活性が有機りん系農薬により阻害されるため、アセチルコリンの量が制御できなくなり、この結果副交感神経が制御できなくなって発症する。（アセチルコリンエステラーゼが直接副交感神経を制御しているのではないことがポイント）

※：IARC
IARC：International Agency for Research on Cancer（国際がん研究機関）。世界保健機関（WHO）の一機関で、発がん状況の監視、発がん原因の特定、発がん性物質のメカニズムの解明、発がん制御の科学的戦略の確立を目的として活動している団体。IARCでは、主に人に対する発がん性に関する様々な物質・要因を評価し、次の5段階に分類。

・グループ1：人に対する発がん性がある。
・グループ2A：人に対しておそらく発がん性がある。（実験動物の発がん性については十分な証拠がある場合）
・グループ2B：人に対して発がん性がある可能性がある。（人への発がん性は限られた証拠あるが実験動物では十分な証拠がない場合、もしくは、人への発がん性は不十分な証拠しかないが実験動物では十分な証拠がある場合）
・グループ3：人に対する発がん性について分類できない。（実験動物について不十分又は限られた証拠しかない場合）
・グループ4：人に対する発がん性がない。（実験動物についても発がん性がないこと示す証拠がある場合）

練習問題

問10　有害物質の健康影響の評価方法に関する記述として，誤っているものはどれか。

(1)　LD_{50} とは，動物などに化学物質を投与した場合に，その半数が死亡する投与量をいう。

(2)　化学物質のリスクの大きさは，その物質の有害性と暴露量の両方に依存する。

(3)　閾値が存在する場合，容認できる生涯危険率を設定し，実質安全量(VSD)を求める。

(4)　無毒性量(NOAEL)とは，それ以下では有害な反応が認められない投与量をいう。

(5)　不確実係数は，実験で用いた動物と人の種差，個体差などを考慮するための係数である。

解　説

有害物質の健康影響の評価方法に関する問題です。

閾値が存在する場合は、閾値を安全量と考えます。閾値が存在しない場合には、実質安全量(VSD)を閾値の代わりに利用します。したがって、(3)の「閾値が存在する場合」は誤りです。

POINT

有害物質の健康影響の評価方法についての出題頻度は高くはありませんが、化学物質のリスク管理の実務上、化学物質安全性データシート(SDS)に記載されているデータをみて、化学物質の有害性のレベル判断や、取り扱い時のリスク管理の方法を考える際に必要な知識ですので、次の用語の意味はしっかりと記憶しておきましょう(図3参照)。

・LD_{50}(半数致死量)：投与した動物の半数が死亡する用量。

・NOEL(無影響量)：動物実験から求められるその投与量以下では影響が認められない量。

・NOAEL(無毒性量)：動物実験から求められるその投与量以下では有害な反応が認められない量。

・閾値：生物体に対しある反応を引き起こすのに必要な最小の量。

・VSD（実質安全量）：人が受けると予想される危険性が十分小さければ、実質的に閾値と同様な取り扱いが可能と考えられる量。

・TDI（耐容一日摂取量）：人が一生涯摂取し続けても悪影響を生じないと考えられる体重1kg当たりの1日当たりの摂取量。$mg \cdot kg(体重)^{-1} \cdot d^{-1}$で表す。通常は、最も感受性が高い動物を用いた試験で得られた NOEL 又は NOAEL を不確実係数で割ったもの。

・不確実係数：不確実さによりリスクが小さく見積もられることがないように、より安全側に立った評価をするための係数。

正解 >>　（3）

練習問題

問9　有機化合物による中毒に関する記述として，誤っているものはどれか。

(1)　有機りん剤の中毒症状は，神経伝達物質のアセチルコリンを分解することによって引き起こされる。

(2)　有機塩素剤の DDT は，食物連鎖によって生物濃縮される。

(3)　シマジンの中毒症状として，畜牛の食欲減退，呼吸困難などが報告されている。

(4)　ポリ塩化ビフェニルの中毒症状には，塩素痤瘡（ざそう），色素沈着などがある。

(5)　トリクロロエチレンは，国際がん研究機関(IARC)による分類では，人に対する発がん性の可能性がある物質とされている。

解　説

有機化合物による中毒に関する問題です。

(1)の有機りん剤による中毒症状は、神経伝達物質のアセチルコリンが異常に蓄積することで引き起こされます。「分解すること」ではありません。

POINT

有機化合物の中毒、生体への影響に関する問題は、試験制度変更(平成18年)直後は毎年、平成23年以降はほぼ隔年で出題されています。極めて出題頻度が高いので、以降に掲載する過去に出題された内容を覚えて取りこぼしのないようにしましょう(ポイントは表1参照)。特に、アセチルコリンに関する記述は正解に絡んでいる場合が多いので注意が必要です。

有機りん剤による中毒症状は、副交感神経の伝達因子であるアセチルコリンを分解するアセチルコリンエステラーゼの活性中心のセリン水酸基を、有機りん系農薬がりん酸エステル化して阻害するため、アセチルコリンが異常に蓄積し、コリン作動性神経である副交感神経が過度に刺激されることに起因します。

すなわち、「中毒」というと、神経伝達物質のアセチルコリンが有機りん剤で阻害されて、アセチルコリンの活性が低下するように考えがちですが、この場合は、有機りん剤が、アセチルコリンを分解するアセチルコリンエステラーゼの活性を低下

させ、「アセチルコリンが分解されず蓄積されて量が増える」ことによって中毒症状が引き起こされます。

　なお、本問も反対の語句（蓄積→分解）を利用して誤りの文章が作成されています。

正解 >> （1）

第1章

第2章

第3章

第4章

第5章

第6章

第7章

第8章

練習問題

問9　有害物質の生体影響に関する記述として，誤っているものはどれか。

(1)　メタロチオネインは，カドミウムや水銀によって肝臓などで誘導生合成され，毒性を強める働きをしている。

(2)　化学物質の毒性を表現するものとして使用される LD_{50}（半数致死量）は，急性毒性を中心に評価したものである。

(3)　メチル水銀は，血液脳関門を通過して，脳にも高い蓄積を示す。

(4)　遊離シアンは，血液中でシアノヘモグロビンを生成し，ミトコンドリアの電子伝達系を阻害する。

(5)　有機りん剤の毒性は，主にアセチルコリンエステラーゼ活性を阻害することに起因する。

解　説

有害物質の生体影響に関する問題です。

(1)のメタロチオネインは、毒性を緩和する働きをもつ物質です。「毒性を強める」は誤りです。

POINT

メタロチオネインは前問（平成23・問9）のアセチルコリンと並んで出題頻度の高い物質です。

メタロチオネインの特性は、①金属を多量に含有していること、②分子量は小さく6,000～8,000程度、③組成アミノ酸にシステインを約30％含有すること、芳香族アミノ酸をほとんど含まないことです。

また、非常に重要なことは、カドミウムや水銀などの金属によって肝臓などで誘導生合成されるということです。このことが重金属中毒と深い関係があるとされ、メタロチオネインが重金属の解毒作用の役割を果たしていると考えられています。

(1)の記述は、カドミウムや水銀という有害性の特に強い物質名に引きずられて、より毒性の強い物質が体内で合成されると勘違いさせようとしているようにも思えます。ただ、「肝臓など」で合成されるとあるように、肝臓という臓器の解毒作用を

思い出せば、肝臓でより毒性の強い物質が合成されるとは考えにくいので、誤りのヒントが与えられた記述ともいえます。正誤の判断に迷ったときは、視点を変えて記述を見直すのも正解を見付けることに役立ちます。

正解 >> （1）

第1章
第2章
第3章
第4章
第5章
第6章
第7章
第8章

練習問題

問9 金属の毒性に関する記述として，誤っているものはどれか。

(1) 同じ金属でも化学種によって毒性が異なることが多い。

(2) 暴露経路によって毒性の発現が異なることが多い。

(3) 一時に多量暴露した場合でも，少量ずつ長期間暴露した場合でも，総暴露量が同じであれば毒性の程度は同じである。

(4) 複数の金属による複合汚染では，それぞれの毒性が弱められることもある。

(5) メタロチオネインが生合成されると，重金属に対し解毒作用を及ぼす。

解 説

金属の暴露時に、総金属暴露量が同一量であっても、一時に多量暴露した場合と少量ずつ長期間の暴露の場合とでは毒性の程度は異なり、急性毒性と慢性毒性との相違についての配慮も必要です。

したがって、(3)の「総暴露量が同じであれば毒性の程度は同じである」は誤りですので、(3)が正解です。

POINT

金属の毒性についての出題頻度は極めて高く、繰り返し出題されているので、取りこぼさないことが大事です。本問の(1)～(5)は基本中の基本事項なので、今すぐにでも覚えておきたい内容になります。

正解 >> （3）

練習問題

問9 有機化合物の人体への影響に関する記述として、正しいものはどれか。

(1) 有機りん系農薬の毒性は、アセチルコリンエステラーゼ活性の増加による。

(2) DDT や HCH などの有機塩素化合物は、人体に蓄積されにくい。

(3) PCBs の生体内残留性は、置換塩素数が多いものほど低い。

(4) テトラクロロエチレンは、血液中に入ると脂肪に分布しやすい。

(5) トリクロロエチレンは、国際がん研究機関(IARC)によると、発がんの可能性はない物質とされている。

解 説

有機化合物の人体への影響に関する問題です。正しいものを問うているので注意しましょう。

(1)はアセチルコリンエステラーゼ活性の「増加」ではなく、「低下」が正しい記述です。

(2)は人体に「蓄積されにくい」ではなく、「蓄積されやすい」が正しい記述です。

(3)は置換塩素数が「多い」ではなく、「少ない」が正しい記述です。

(5)は発がんの「可能性はない」ではなく、「可能性がある」が正しい記述です。

したがって、(4)が正解です。

POINT

文章として作り替えられてはいますが、過去に出題された内容が繰り返し出題されていますので、過去問の内容を記憶しておくことが効率的であり有効です。

なお、(4)のテトラクロロエチレンは国際的な発がん性物質の評価機関であるIARCが「グループ2A(ヒトに対しておそらく発がん性がある。)」に分類している物質です。「グループ1(ヒトに対する発がん性がある。)」には、ベンゼンやトリクロロエチレンが分類されています。

正解 >> (4)

練習問題

問8　金属の人体への影響に関する記述として，誤っているものはどれか。

(1)　メチル水銀は，血液脳関門を通過して脳にも蓄積する。

(2)　フェニル水銀は，水俣病様症状を示さない。

(3)　無機ひ素は，体内で有機化されて毒性の強いメチルアルソン酸などのメチル化ひ素化合物となる。

(4)　セレンは必須元素であり，欠乏症として克山病が知られている。

(5)　六価クロム化合物は一般に，三価クロム化合物より毒性が強い。

解　説

金属の人体への影響に特化した問題です。

(3)の無機ひ素は、体内で有機化されて毒性の弱いメチルアルソン酸などのメチル化ひ素化合物になります。「毒性の強い」ではありません。

POINT

前出の平成29・問9の(1)メタロチオネインと同様に、(3)はひ素の毒性の強さから、体内でさらに有害性の強い物質に変化するのではないかと思わせるような記述です。

無機のひ素化合物は、5価のものに比べて3価のもののほうが毒性が強くなります。生体内で元素のひ素及び5価のひ素化合物はともに3価になり、多くの場合、原形質毒及びSH基酵素群に対する有害物質として作用します。

同時に、生体内に吸収された無機ひ素化合物は、メチル化代謝されてメチルアルソン酸(CH_5AsO_3)やジメチルアルシン酸($C_2H_7AsO_2$)として尿中に排出されます。メチルアルソン酸(CH_5AsO_3)やジメチルアルシン酸($C_2H_7AsO_2$)は無機ひ素化合物に比べて毒性は弱くなります。すなわち、解毒され、体外に排出される作用もありますので、摂取量が少ない場合は人体への影響が出ないこともありえます。

ほかの選択肢の内容についてもよく出題されますので、次の物質とポイントは記憶しておきましょう。

(1)メチル水銀：血液脳関門を通過して脳へ蓄積する。水俣病の原因物質。

⑵フェニル水銀：有機水銀の一種。水銀に炭素が**6**つ環状につながったベンゼン
　環がくっついた構造で、分子構造がメチル水銀よりかなり大きい。

⑷セレン：人体の必須元素。欠乏症としては克山病が有名。

⑸六価クロム：三価クロムより毒性が強い。鼻中隔穿孔を引き起こす。

　なお、排水基準の有害物質として定められているのは六価クロムだけで、三価ク
ロムは生活環境項目である全クロムの一部として含まれるだけであることからも、
六価のほうが毒性が強いことがわかります。

正解 >> （3）

練習問題

平成21・問8

問8　金属による人への影響に関する記述として，誤っているものはどれか。

(1) カドミウムの慢性中毒には，主に近位尿細管機能の異常による腎障害がある。

(2) 鉛の慢性中毒では，食欲不振，便秘に続いて，鉛疝痛（なまりせんつう）が起こることがある。

(3) 無機水銀は，メチル水銀よりも血液脳関門を通過して脳に蓄積しやすい。

(4) セレンの欠乏症として，心筋症を起こす克山病（こくざんびょう）が知られている。

(5) クロム(Ⅵ)の慢性中毒には，鼻中隔穿孔（びちゅうかくせんこう）や呼吸器障害などがある。

解　説

同じく金属の人体への影響に特化した問題です。

メチル水銀のほうが、無機水銀よりも血液脳関門を通過して脳に蓄積しやすいので、(3)が誤りです。

POINT

無機水銀とメチル水銀(有機水銀の一種)の物性や症状を入れ替えて出題されることが多いので、特に注意しておきましょう。

無機水銀の毒性はメチル水銀よりも弱く、血液脳関門を通過できないため神経の異常にはつながりませんが、メチル水銀は毒性が強く、血液脳関門を通過して脳に異常を引き起こすという特徴があります。

また、クロム(Ⅵ)の鼻中隔穿孔、セレンの克山病(心筋症)、鉛の鉛疝痛、ひ素の烏脚病の組合せも忘れずに覚えておきましょう。

正解 >> （3）

練習問題

問10 金属の生体影響に関する記述として，誤っているものはどれか。

(1) 重金属に暴露されると生合成されるメタロチオネインは，重金属の毒性を弱める働きをしている。

(2) 有害性金属が複合して生体内に作用する場合，それぞれの毒性が相加的，あるいは相乗的に現れることがあるが，逆に毒性が弱められることもある。

(3) 有機水銀は塩化水銀(Ⅱ)に比べて生物学的半減期が長いため，排泄されにくい。

(4) 無機水銀は血液–脳関門を容易に通過し，脳内に蓄積する。

(5) 総金属暴露量が同一量であっても，一時に多量暴露した場合と，少量ずつ長期間の暴露の場合とでは毒性の程度は異なる。

┃解　説┃

メチル水銀は血液–脳関門を容易に通過し脳内に蓄積して水俣病の症状を引き起こしますが、無機水銀の場合は血液–脳関門を通過しないため脳中への蓄積はわずかです。また、メチル水銀以外の有機水銀も血液–脳関門を通過しないため水俣病の症状を引き起こしません。

したがって、(4)が誤りです。

┃POINT┃

有害金属の生態影響に関する記述は、試験制度変更後平成23年までは毎年出題されていた問題です。平成24年以降出題頻度が落ちていたが、平成27年以降出題頻度が上がってきたので注意しましょう。特に、メタロチオネイン、有害金属が複合した場合の毒性のあらわれ方、有機水銀の毒性の違いは、正解につながる場合が多いので正しく記憶しておきましょう。

正解 >> （4）

練習問題

問10 有害化学物質の人体影響に関する記述として，最も不適切なものはどれか。

(1) HCH は α，β，γ，δ 体などの異性体があり，それらの残留性は同じである。

(2) DDT は環境中で分解されにくく，食物連鎖によって生物濃縮される。

(3) 1,3-ジクロロプロペンは，腹痛，嘔吐，肺水腫などを起こす。

(4) トリクロロエチレンは，人に対する発がん性の可能性があるとされる。

(5) 有機りん剤による中毒症状は，アセチルコリンエステラーゼの阻害に起因する。

解説

有害化学物質の人体影響に関する問題です。

(1)のHCHは異性体によって毒性や残留性は異なりますので、「残留性は同じ」は誤りです。

HCHに限らず、化学物質の多くは異性体によって物性が異なります。

POINT

有害化学物質として有機りん剤、有機塩素剤、殺菌剤、除草剤、さらにポリ塩化ビフェニル（PCB）、低沸点有機ハロゲン化合物（トリクロロエチレン、テトラクロロエチレンなど）も出題されています。本問のHCH、DDT、1,3-ジクロロプロペンは有機塩素剤の農薬に分類されます。

本問は一見すると難問に思えるかもしれませんが、(1)が不適切な記述であることはすぐにわかると思います。

2つの化学物質が同じ元素で構成され、かつ、それぞれの元素数が同じで、分子構造が違うものを異性体と呼びます。異性体の性質は一般的に異なります。

分かりやすい例として、環境基準の健康項目に定められている1,2-ジクロロエチレンには、分子構造として塩素原子の配置が違うだけのシス体とトランス体の異性体があります。毒性があるのはシス体だけであり、トランス体には毒性はありません。そのため、公共用水域での規制物質はシス-1,2-ジクロロエチレンだけで、トランス体は規制対象外となっています。化学物質は分子構造が変わると、すなわち

異性体の構造により性質(毒性)が変わるのが一般的です。

　このことから、HCHの異性体間で残留性が同じというのは違和感があり、実際、α、β、γ、δ体などの各異性体では、殺虫効果、環境残留性、人への健康影響などは異なっています。

　(4)(5)はすでに以前の練習問題でも出てきましたが、(2)(3)はこれまで掲載してきた練習問題には含まれていませんので、記述内容は記憶しておきましょう。

正解 >> （1）

第1章
第2章
第3章
第4章
第5章
第6章
第7章
第8章

練習問題

問10 化学物質のリスク評価に関する記述として，正しいものはどれか。

(1) 化学物質によるリスクは，有害性のみを考慮すればよい。

(2) 無影響量(NOEL)や無毒性量(NOAEL)は，一般に閾値が存在しない化学物質の有害性評価に用いられる。

(3) 耐容一日摂取量(TDI)は，最も感受性の高い動物を用いた試験で得られたNOEL 又は NOAEL に，不確実係数を乗じたものである。

(4) 不確実係数には通常 100 が用いられるが，この値は動物から人へ外挿するときの種差による係数を 10，個体差による係数を 10 と見込んだものである。

(5) 実質安全量(VSD)は，一般に閾値が存在する化学物質の有害性評価に用いられる。

解説

(1) 化学物質のリスク管理を考える場合は、化学物質の危険・有害性（ハザード）を評価（用量－反応アセスメント）するだけでなく、暴露量を併せて評価することによりリスクの暴露評価（暴露アセスメント）を行い、その結果に基づいて総合的なリスクの判定を行う必要があります。

したがって、「有害性のみを考慮すればよい」は誤りです。

(2) 閾値が存在する化学物質の安全性を考えるとき、動物実験から求められるその投与量以下では影響が認められない無影響量（NOEL：Non-observed effect level）、又は有害な反応が認められない無毒性量（NOAEL：Non-observed adversed effect level）の情報を知ることが必要です。

したがって、「一般に閾値が存在しない化学物質の有害性評価用いられる」は誤りです。

(3) 農薬などの環境汚染物質は、長期間食品や飲料水等を経由して摂取し続けると体内に蓄積し、毒性を発現するおそれがあります。このような物質については人が一生涯摂取し続けても悪影響を生じないと考えられる体重 1kg 当たりの 1 日当たりの摂取量 mg·kg（体重）$^{-1}$·d^{-1} で表します。すなわち耐容一日摂取量（TDI：Tolerable daily intake）が設定されます。TDI は最も感受性が

高い動物を用いた試験で得られた NOEL 又は NOAEL を不確実係数で割った
ものです。

　したがって、「NOEL 又は NOAEL に、不確実係数を乗じたものである」は
誤りです。

⑷　不確実係数には通常 100 が用いられますが、この値は動物から人へ外挿す
るときの種差による係数を 10、個体差によるものを 10 見込んだものです。

　したがって、正しいです。

⑸　発がん物質のような遺伝子を攻撃してがん細胞をつくるような不可逆的な毒
性を引き起こすものには閾値が存在しないと考えられており、このような化
学物質は完全になくならない限り危険率はゼロにならない（ゼロリスク）の
で、TDI を設定することは理論的に不可能です。そこで、人が受けると予想
される危険性が十分小さければ、その量が実質的に閾値と同様な取り扱いが
可能であろうとの考えが定着しています。このような量が実質安全量（VSD：
Virtually safe dose）と呼ばれるものです。

　したがって、「一般に閾値が存在する化学物質の有害性評価に用いられる」
は誤りです。

以上より、⑷が正しい記述です。

| POINT ▶

　化学物質のリスク評価方法についての出題は高くはありませんが、化学物質の有
害性、リスク評価の方法、管理方法の基本となる考え方なので、用語の定義を含め
整理してきちんと記憶しておく必要があります。特に⑶の不確実係数については間
違いやすいので注意が必要です。

正解 ≫ （4）

7-2 水生生物に及ぼす影響

水生生物に及ぼす影響について解説します。水生生物に影響を及ぼす因子や水生生物の保全に係る環境基準に設定されている項目について理解しておきましょう。

1 水生生物に及ぼす影響

水生生物類は、**動植物プランクトン**をはじめ、河床や湖沼底泥中に生息するいわゆる**底生生物**や**魚類**やヨシ等の**大形の水生動植物**を含むため、影響する物質の種類を含め、水質汚濁の影響の程度と内容は多岐にわたります。

2 一般水質指標による汚濁の影響

●水温

水生動植物にとって水温は極めて重要な生息環境因子です。動植物プランクトンは、種類によって至適温度があり、増殖速度と温度の関係は比較的調査・研究が進んでいます。一般には、生体内の反応は様々な化学反応で構成されているため、至適温度の範囲内では、水温が**10℃上昇する**ごとに**反応速度は2倍**となる法則にほぼ従うこととなります。

●溶存酸素（DO）

溶存酸素（DO）は水生動物の生息にとって不可欠です。一般に魚類等の生息に必要なDOは**3mg/L以上**とされています。また、底質が嫌気的条件となる条件はDO で0mg/L です。

川床や底泥が嫌気的になると、**アンモニア**や**硫化水素**などの生体有害成分が溶出することなどから、水生植物の根系に障害が発生するため、酸素を生成する水生植物においても**嫌気化条件に導かないこと**が重要です。

●濁度

濁りは水中における光の透過率を下げるため、**植物プランクトン**や**沈水植物**の成長にとって大きな**マイナス要因**となります。これは河川生態系の場合、河床の付着藻類を食物として成長する魚類の生息にとっても重要になります。

沈水植物は水深0.5 〜 3mの範囲で成長するため、少なくともこれらの水深相当の透明度が確保されない限り、光制限となって**沈水植物群落は減少します**。富栄養化に伴い植物プランクトンが異常増殖するようになり、また湖岸堤の建設による湖流の変化や魚類相の変化が生じると、その植生面積が減少することになります。

●水生植物に対する汚濁の全体的影響

水生植物は水質汚濁に敏感である一方、成育許容範囲で優れた**水質浄化能力**があります。窒素やりんなどの栄養塩類は、抽水性水生植物の水中根や、沈水性・浮葉性水生植物などの体表面から吸収します。また、体表面の着生藻類もこれを吸収します。有機汚濁物質は着生微生物によって分解されます。

水生植物には汚濁指標として用いられるほか、水質浄化作用のような優れた機能があります。

図1　一般水質指標による汚濁の影響

①水温	②溶存酸素
・水温 10℃上昇→反応速度 2 倍	・魚類の生息に必要な DO：3 mg/L

③濁度	④水生植物に対する汚濁の全体的影響
・植物プランクトンや沈水植物の成長に影響	・水生植物：汚濁指標や水質浄化作用の機能を有する

❸ 水生生物の保全に係る水質環境基準

我が国の水環境保全行政は、人にとっての良好な環境の保全が中心であり、生態系や水生生物、その生息環境を中心に据えた施策は講じられていませんでした。生態系や生態系を構成する生物に対する化学物質の影響の重要性の認識から、**水生生物の生息**等について次の環境基準及び要監視項目が設定されました(第1章参照)。

- ・**環境基準**：全亜鉛、ノニルフェノール、直鎖アルキルベンゼンスルホン酸及びその塩、底層溶存酸素量
- ・**要監視項目**：クロロホルム、フェノール、ホルムアルデヒド、4-*t*-オクチルフェノール、アニリン、2,4-ジクロロフェノール

❹ 重金属類の影響

水生生物の保護を目的とした環境基準は設定されたものの、これら典型的な水生昆虫を用いた重金属の毒性評価方法は定められていません。公表されている代表的な重金属類の水生生物への影響を以下に示します。

◉水銀(Hg)

水銀は、大きく有機水銀と無機水銀に分けられます。水生生物に対して、一般的には無機水銀より**有機水銀のほうが毒性が強い**ことが知られています。水生植物が影響を受ける濃度は、無機水銀では1mg/Lに近い値となり、有機水銀では極めて低くなります。一般的には、幼生期は成長時よりも高い感受性、また、海水魚類のほうが淡水魚類より高い感受性を示します。毒性は、温度、塩分、溶存酸素、水の硬度に影響されます。

◉カドミウム(Cd)

水生生物類のカドミウム取込率及び毒性作用は、温度、イオン濃度、有機物質含有量などの物理化学的因子により大きく影

響されます。カドミウムは、淡水環境内では他との比較において、**最も毒性の強い重金属の一つです**。特定の生物類においては、環境中濃度**1μg/L以下**のカドミウムに対して明白な反応が観察されています。

◉鉛（Pb）

　一般環境において見いだされる濃度程度の鉛は、水生植物に対して影響を与えないと考えられています。無機鉛に対する最大許容毒性物質濃度（MATC）が各種の魚について、種々の条件下で決定されており、その範囲は0.04 ～ 0.198mg/Lとされています。カエル及びヒキガエルの卵は、止水試験では1.0mg/L、流水試験は0.04mg/Lの濃度において敏感であるとの証拠があり、発育阻害と卵孵化の遅れが認められていますが、成長したカエルにおいては、水溶液中の濃度が5mg/L以下では著しい影響は認められていません。10mg/kgの食餌ではある種の生化学的影響が認められています。

☑ ポイント

①水生生物の生息に影響のある項目は、水温、溶存酸素、濁度など。
②水生生物には水質自浄能力もある。
③水生生物の生息等についての環境基準が設定されている。

7-3 農業及び水産業に及ぼす影響

農業及び水産業に及ぼす影響について解説します。原因となる物質とその影響について理解しておきましょう。

1 農業に及ぼす影響

水質汚濁が農業に及ぼす影響の種類は多いですが、主な障害は①**塩分障害**、②**有機物障害**、③**栄養塩類による障害**、④**重金属類の障害**の4つです。

塩分障害は、稲作農耕地が沿岸部に集中していることや、河口堰や干拓地等の汽水域に農地を造成するなど、農地開発自体が塩分の高い水域周辺で急激に進められたために生じるものです。一方、**有機物障害**は有機物濃度が高い場合、土壌環境が嫌気的条件となるため「根腐れ」や「立ち枯れ」などによって成長が直接阻害されることで生じます。昭和40年代の初期において有機汚濁汚染が急激に進んだ時期にこのような被害が生じました。**栄養塩類による障害**では、窒素・りんなどの濃度が高い排水が流入し、栄養塩過多、特に窒素過多により、植物が過繁茂し、倒伏や結実障害を起こし収量が減少します。また、**重金**

図1 農業に及ぼす影響

土壌の酸性化
・土壌中の重金属等の溶解度が上昇
・水素イオン過多による生育阻害
・りん酸の不溶化による生育阻害
・微生物発生の妨げ、土壌の老朽化

窒素の過剰
・茎葉だけの繁茂（青立ち）

重金属の蓄積
・細胞原形質のタンパク質と結合　→　細胞死滅（酸性化土壌では↑）

土壌の物性の悪化	土壌の還元化

表1　農作物の主たる生育障害と主な汚濁物質との関係

項目	主たる害徴
(1) pH （水素イオン濃度）	①酸性の強い場合、根の発育が悪くなり獅子尾状根などが発生する。 ②アルカリ性が強い場合、鉄欠乏などによるクロロシス（黄化現象）が発生する。
(2) COD （化学的酸素要求量）	① COD が高いと土壌還元が促進され嫌気的状態になる。 ②嫌気的状態で、有害物質（硫化水素、有機酸など）が発生する。 ③これらによる根の活力低下、根腐れが発生する。
(3) SS （浮遊物質（無機））	水中に浮遊する無機質の微粒懸濁物が水田に流入した場合、土壌中の間隙が詰まり、土壌の物理的性質（特に透水性、通気性）が悪くなり、水稲の生育に障害を与える。
(4) T-N （全窒素濃度）	水稲に対する窒素の過剰害は次の諸特徴として現れる。 ①過繁茂、②倒伏、③登熟不良*¹、④もみ殻の大きさの縮小、⑤不稔*² もみの増加、⑥米質の悪化
(5) DO（溶存酸素）	DO が低下すると、根の生育が害され、新根の発生、根長、根重が劣る。同時に根の呼吸が衰え、養分の吸収が悪く、玄米収量が減少する。
(6) 電気伝導度 （塩類濃度）	かんがい水中の塩類濃度が高くなると、次のようになる。 ①浸透圧の増加により根に吸水阻害が起こる。 ②塩類の成分組成、成分濃度のアンバランスより作物の養分吸収に異状が起こり、栄養と代謝が阻害される。 ③外見としては、最初、葉先に黒褐色の斑点が生じ、その後その部分から下部へ白葉枯葉の外縁部の葉枯れに拡大して葉の先枯れが起こる。また、下葉は葉鞘付近から屈折下垂して流れ葉となる。
(7) ひ素（As）	濃度が高くなると、 ①葉脈を残し異変葉となり、さらに症状が進めば白葉化する。 ②黄化葉は新葉から始まる。根は腐根となり、新根の発生抑制被害大なるものは、全茎黄化し、枯死する。例えば、水稲では、農業用水基準は 0.05 mg/L 以下である。
(8) 亜鉛（Zn）	濃度が高くなると、 ①葉脈間がクロロシスを呈し、青枯れ的症状を示す。 ②根の生育が阻害される。例えば、水稲では、農業用水基準は 0.5 mg/L 以下である。
(9) 銅（Cu）	濃度が高くなると、葉の先端部から黄化し、根が萎縮して伸びない。例えば、水稲では、農業用水基準は 0.02 mg/L 以下である。

*1　農作物の種子が次第に発育し成熟する過程。種子の形成。
*2　植物が種子を生じない、又は種子が成体の発生する能力を持たないこと。
［田渕俊雄編著：農業土木技術者のための水質入門より一部加筆］

属類の障害は、農作物に重金属類が吸収され、植物自体の濃縮作用も影響し、人や家畜が食物として摂取する際に問題となることがあります。表1に主な汚濁物質と農作物の生育障害の関係を示します。

❷ 水産業に及ぼす影響

水質汚濁による水産被害は、その排出形態や排水の種類及び被害魚介類も多岐にわたることから、全国的範囲で多種多様な形で発生しています。被害の種類は以下のとおりです。

①水温の影響

②酸素の影響

③塩素の影響

④富栄養化障害

⑤化学物質

⑥ダイオキシン類等による汚染

魚類は、様々な汚濁物質の直接的被害により影響を受けると同時に水生生態系の頂点に位置する動物です。そのため、藻類生産等の一次生産への影響なども間接的に受けるため、食物連鎖を通じて時間的にも長期的な影響を受けることになります。

◉水温の影響

温排水の影響に代表されるように、水生生物にとって水温の影響は極めて大きくなります。特にノリのように、発芽条件や成長、胞子形成といったライフサイクルがある水生生物や、魚類のように産卵行動に対する温度特異性のように、水温が一つの発芽促進時期の引き金要因となっていることもあり、水温に対する水生生物の感受性は予想以上に高いことが知られています。

◉酸素の影響

魚はえら呼吸により酸素を水中から取り込んでいます。酸素

が生存の基本条件となりますが、嫌気的な条件では当然生存できません。しかしながら、魚類は泳ぐことによって、これらの不適な環境から逃れる能力を持っており、これを「忌避行動」と称しています。したがって、緩やかに変化する場合には対応可能ですが、急激な変化には対応できません。例えば、「青潮」が発生したときなどは、忌避行動が間に合わないため、**酸欠斃死**が起こります。また、過度に富栄養化し藻類が異常発生した場合、日中は藻類によって酸素生産が十分行われますが、夜間、藻類の呼吸により急激に水中酸素がなくなるため、魚類等の斃死が起こることがあります。

●塩素の影響

　上水道や下水処理及び各種廃水処理施設では、病原菌（コレラ、ペスト、感染性大腸菌（O157）等）の殺菌が義務付けられており、多くの場合**塩素剤**を使います。このとき、処理水中に**塩素**が残留[※]しており環境中に放流されると、動植物プランクトンや魚貝類に影響を及ぼすことがあります。

●富栄養化障害

　富栄養化現象は魚類にとっては食物が増える現象ですが、過度に富栄養化した場合、次の影響が発生します。
　①藻類プランクトンによるえらの詰まりによる斃死
　②富栄養化の進行に伴う水生植物群落の減少による産卵場と
　　避難場所の減少による生産性の低下
　③富栄養化の進行に伴う動物プランクトンの種類と現存量の
　　減少の影響
　④富栄養化の進行に伴う底生生物の種類と現存量の減少の影
　　響
　なお、窒素・りんの富栄養化原因物質による直接影響はありませんが、**アンモニア体窒素**は呼吸酵素に対する**毒性**があるため数 mg/L と濃度が高い場合は直接影響があります。この影響

※：残留
残留した塩素（残留塩素）には遊離残留塩素（次亜塩素酸（HOCl）や次亜塩素酸イオン（OCl⁻））と結合残留塩素（モノクロロアミン（NH₃Cl）等）があり、一般的には遊離塩素のほうが結合塩素よりも酸化力が強いとされている。

※：pHが高いほど毒
性が強くなる

アンモニアは水中では
次の平衡状態にある。
　$NH_3 + H_2O \rightleftharpoons$
　$NH_4{}^+ + OH^-$
pHが上がると水酸化
物イオン(OH^-)の濃度
が上がるので、これを
元に戻そうとする力が
働き反応は右から左に
進む。この結果、水中
のアンモニア(NH_3)の
濃度が上がるため毒性
が強くなる。

はpHが高いほど毒性が強くなる※。

●化学物質の影響

　第1章のとおり、全亜鉛等が水生生物の保全に係る水質環境基準として設定されています。

●ダイオキシン類による汚染

　ダイオキシン類は脂肪質に溶けやすいため、生物濃縮が進みやすい物質です。日本人は食品中のダイオキシンのうち魚介類から90%強を摂取しています。

　農林水産省は、「ダイオキシン対策推進基本指針」及び「食品の安全性に関する有害化学物質サーベイランス・モニタリング中期計画」に基づき、農畜水産物中のダイオキシン類濃度の実態を調査し、結果を公表しています。このうち、水産物については、日本沿岸域等の魚介類中のダイオキシン類濃度の実態を把握するため、平成11（1999）年度から毎年度調査しています。平成18（2006）年度からは、食品の安全性に関するリスク管理に必要なデータを得るため、中期計画に基づき、漁獲量が多い魚種や過去の調査結果から比較的高いダイオキシン類濃度が認められた魚種を対象として調査しています。

　令和2（2022）年度はホッケについて、全国で30検体を収集し測定しています。平成18（2006）年度以降の調査結果について、ダイオキシン類濃度の有意な変動傾向（上昇傾向あるいは下降傾向）は認められていません。

●水産用水基準

　現在、水産生物を対象として法的に定められた水質基準はありませんが、（公社）日本水産資源保護協会が「水産用水基準」（2005年版）として、水産水域の望ましい水質条件を示しています。

練習問題

問9 農作物の主たる生育障害と水質汚濁物質との関係に関する記述として，誤っているものはどれか。

(1) 有機物濃度が高いと土壌環境が嫌気的となり，根腐れや立ち枯れなどを起こす。

(2) 塩類濃度が高いと浸透圧が増加し，根に吸水阻害が起こる。

(3) ひ素濃度が高いと葉脈を残し黄変葉となり，さらに症状が進むと白葉化する。

(4) 酸性が強いと鉄欠乏などによるクロロシスが発生し，アルカリ性が強いと獅子尾状根などが発生する。

(5) 窒素濃度が高いと植物が過繁茂し，倒伏や結実障害を起こす。

解 説

農作物の生育障害と水質汚濁物質との関係に関する問題です。

酸性が強いと獅子尾状根などが発生し、アルカリ性が強いと鉄欠乏などによるクロロシスが発生します（表1参照）。したがって、(4)は誤りです。

POINT

農作物の生育障害と水質汚濁物質との関係に関する問題は、試験制度変更（平成18年）以降で初めての出題でした。それまでの10年間では、人の健康影響に関する問題が出題されていました。今後出題される可能性もありますので、農作物の主な生育障害との関係も押さえておくことをおすすめします。

ただし、(4)の記述をみるとわかるように、出題自体は従来と同様に酸性とアルカリ性を入れ替えて文章がつくられています。

正解 >> （4）

7-4 工業用水及び親水用水に及ぼす影響

工業用水及び親水用水に及ぼす影響について解説します。工業用水、親水用水とは何か、各用水に採用されている指標について理解しておきましょう。

① 工業用水に及ぼす影響

工業用水の種類には、**冷却用水**、**洗浄用水**、**原料用水**、**温湿調整用水**、**製品処理用水**が挙げられます。水量的にシェアが高いのは**冷却用水**、**洗浄用水**です。冷却、洗浄で最も問題となるのは、配管系等に発生するスケールによる通水能力の低下や電気腐食による管路障害などです。したがって、スケールの発生や電気腐食に影響する水質項目、すなわち**pH**、**アルカリ度**、**硬度**、**蒸発残留物**、**塩素イオン**、**鉄**、**マンガン**の7項目が影響指標となっています。**濁度**は全体的汚濁指標として取り扱われています。

② 親水用水に及ぼす影響

近年は景観保全や修景による都市環境整備が進められています。下水処理水の**修景用水**や**親水用水**への有効活用を図り、都市の水循環機構改善を担う水の循環補給政策が進められています。

修景用水は**人が触れないこと**を前提とした用水として、また、**親水用水**は**人が触れること**を前提とした用水として分別されます。人の見た目の感覚と衛生安全性の確保を前提として、各用水の水質基準が定められています。衛生面の影響として**大腸菌群数**を指標とし、**BOD**と**濁度**で濁りの影響を、**臭気**で臭覚影響を、**色度**で見た目の影響指標としています。

第 8 章

行政の水質汚濁防止対策

8-1　経済的措置

　本章は第2章（水質汚濁防止法）で解説していない水質汚濁防止施策について紹介します（出題頻度は極めて低い）。ここでは経済的措置について解説します。経済的負担と経済的助成について理解しておきましょう。

1 経済的措置

　経済的措置は、経済的な誘因を与えることにより、各経済主体が環境保全に適合した行動をとるよう促そうとするものであり、**経済的負担**を課す措置と**経済的助成**を与える措置があります。

●経済的助成

　環境保全事業の助成（政府関係機関等による融資）や税制上の優遇措置などがあります。税制上の措置としては次のような措置が講じられています（2022（令和4）年改正）。

①カーボンニュートラル実現に向けたポリシーミックスの検討

②地球温暖化対策のための税の着実な実施

③公共の危害防止のために設置された施設又は設備（廃棄物処理施設、汚水又は廃液処理施設）に係る課税標準の特例措置の延長（固定資産税）

④再生可能エネルギー発電設備に係る課税標準の特例措置の延長（固定資産税）

⑤認定長期優良住宅に係る特例措置の延長（登録免許税、固定資産税、不動産取得税）

⑥認定低炭素住宅の所有権の保存登記等の税率の軽減の延長（登録免許税）

⑦既存住宅の省エネ改修に係る軽減措置の拡充・延長（所得税、固定資産税）

⑧住宅ローン減税等の住宅取得促進策に係る所要の措置

◉経済的負担

　環境に係る税の課税(地方公共団体における環境関連税を含む)、課徴金※、預り金払い戻し制度などがあります。

※：課徴金
法律又は国会の議決に基づいて国が収納する税金以外の金銭。

8-2　地方公共団体の環境保全対策

　地方公共団体の環境保全対策について解説します。地方公共団体の施策として位置付けられる条例の制定や公害防止計画の作成について理解しておきましょう。

◼ 条例の制定状況

　地方公共団体においては、**環境基本条例**、**環境保全条例（公害防止条例）**、**自然環境保全条例**などを制定し、地球温暖化、循環型社会、環境への負荷の少ない交通、健全な水循環、化学物質、生物多様性、自然保護等の分野において、地域の特性に応じた様々な施策が実施されています。

◼ 公害防止計画

　公害防止計画は、環境基本法第17条の規定に基づき、現に公害が著しく、又は公害が著しくなるおそれがあり、かつ、公害の防止に関する施策を総合的に講じる必要がある地域について、**都道府県知事が作成する公害防止に関する施策に係る計画**です。

◼ 自主的な環境保全活動

　環境マネジメントシステムに関する国際規格ISO 14001の認証を取得している地方公共団体も多く、地球温暖化防止計画などを策定し、省資源・省エネルギー活動等の様々な環境負荷低減のための活動を率先して展開しています。

8-3　公害紛争と公害苦情

　公害紛争と公害苦情について解説します。典型七公害のうち、水質関係の苦情が占めるおおよその割合を理解しておきましょう。

1 公害紛争の処理状況

　公害紛争については、公害等調整委員会及び都道府県に置かれている都道府県公害審査会等が**公害紛争処理法**※の定めるところにより処理されます。公害紛争処理法に定められている公害紛争処理手続には、**斡旋**、**調停**、**仲裁及び裁定**の4つがあり、これらのうち裁定には、公害に係る被害についての損害賠償責任の有無及び賠償すべき損害額を判断する**責任裁定**と、加害行為と被害の発生との間の因果関係の存否について判断する**原因裁定**の2種類があります。

※：公害紛争処理法
公害に係る紛争を迅速かつ適正に解決するための制度を確立すること等を目的として制定された法律（昭和45年法律第108号）。

◉公害等調整委員会に係属した事件

　2022（令和4）年中に公害等調整委員会が受け付けた公害紛争事件は25件で、これらに前年から繰り越された51件を加えた計76件（調停事件3件、責任裁定事件35件、原因裁定事件38件）が同年中に係属（訴訟法上の用語で訴訟が特定の裁判所で取り扱い中であること）しました。このうち、26件が同年中に終結し、残り50件は2023（令和5）年に繰り越されました。

◉都道府県公害審査会等に係属した事件

　2022（令和4）年中に都道府県公害審査会等が受け付けた事件は29件であり、これらに前年度から繰り越された41件を加えた計70件（調停事件69件、義務履行勧告事件1件）が同年中に係属しました。このうち、29件が同年中に終結し、残り41件は

2023（令和5）年に繰り越されました。

2 公害苦情の処理状況

　公害紛争処理法において地方公共団体は、関係行政機関と協力して公害に関する苦情の適切な処理に努めるべきものと規定され、さらに、都道府県及び市区町村は、公害苦情相談員を置くことができるとされています。

　公害苦情の受付状況の推移を図1に示します。2021（令和3）年度の件数の内訳は次のとおりです。

・公害苦情件数：73,739件
・うち、典型七公害：51,395件（公害苦情の約70%）
・うち、水質汚濁：5,353件（典型七公害の10.4%）

図1　典型七公害の種類別苦情件数の推移

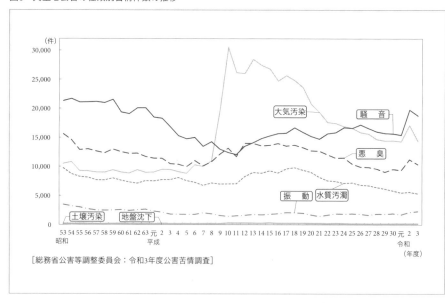

［総務省公害等調整委員会：令和3年度公害苦情調査］

公害防止管理者等国家試験　水質概論【改訂第2版】

重要ポイント＆精選問題集

©2024　一般社団法人 産業環境管理協会

2024年6月25日　発行

発行所	**一般社団法人 産業環境管理協会**
	東京都千代田区内幸町1-3-1
	（幸ビルディング）
	TEL　03(3528)8152
	FAX　03(3528)8164
	https://www.e-jemai.jp
発売所	**丸善出版株式会社**
	東京都千代田区神田神保町2-17
	TEL　03(3512)3256
	FAX　03(3512)3270
印刷所	**三美印刷株式会社**
装丁／本文デザイン	**株式会社hooop**

ISBN978-4-86240-222-6　　　　　　　　　　Printed in Japan